儿童恐龙大百科

张玉光◎主编

央美阳光◎绘图

全国百佳图书出版单位

化学工业出版社

·北京·

图书在版编目（CIP）数据

儿童恐龙大百科/张玉光主编；央美阳光绘图.—北京：
化学工业出版社，2020.6
ISBN 978-7-122-36334-3

Ⅰ.①儿… Ⅱ.①张… ②央… Ⅲ.①恐龙-普及
读物 Ⅳ.①Q915.864-49

中国版本图书馆CIP数据核字（2020）第034043号

ERTONG KONGLONG DA BAIKE

责任编辑：刘亚琦	文字编辑：李　曦	装帧设计：央美阳光
责任校对：杜杏然	封面设计：尹琳琳	

出版发行：化学工业出版社（北京市东城区青年湖南街13号　邮政编码100011）
印　　装：北京瑞禾彩色印刷有限公司
889mm×1194mm　1/16　印张19　2020年8月北京第1版第1次印刷

购书咨询：010-64518888　　　　　　　　　　　　　　售后服务：010-64518899
网　　址：http://www.cip.com.cn
凡购买本书，如有缺损质量问题，本书销售中心负责调换。

定　　价：148.00元

前 言

　　我一直深知并以为，自然科学的普及也应当从娃娃抓起。因为它关乎并决定着孩子们的科学素养、爱好及未来职业选择。可我当下面对的问题是如何让孩子们对大千世界复杂深奥的科学知识产生浓厚的兴趣。问题虽难且棘手，可是转念一想，又觉得孩子们是十分幸运的，因为与其他复杂的理论学科相比，恐龙科普的深度、热度，以及长期形成的社会氛围就占据了很大的优势，这样彼此间便容易接受了许多。

　　的确，从业二十多年来，我从未发现有哪种远古生物的人气和魅力能超越恐龙。其中究竟缘何？道理很简单：一方面人们对于曾在地球上成功生存过的恐龙莫名地消逝感到困惑不解，油然而生了强大的好奇心；另一方面当人们面对恐龙的最终结局，自觉渺小，不免会产生一种"卑微"之感。毕竟，人类自诩和引以为傲的适应和改造世界的能力，在恐龙面前，也不过是一抹流云。

　　这不，从恐龙被发现之日起，许多疑云便相伴而生：它们的体色什么样？到底长不长羽毛？是否建立过群落文明？最终又是怎么从地球上消失的？……诸如此类的疑问连绵不绝，科学家们也绞尽脑汁对此提出了种种猜想和假说，希望求得人们的理解和宽慰。可这些答案偏偏又激发起人们更加狂热的探求欲，想要彻底将恐龙的未解之谜弄个水落石出。放眼现实，能否有这么一本书能恰到好处地解开人们心头的积虑？

　　带着些许期盼，我开始创作《儿童恐龙大百科》这本书。在书中，力求把发生在恐龙身上的故事通俗易懂地描绘出来，希望用绘制精美的图片为读者带来耳目一新的感受。如此一来，若孩子们认真读罢全书，定会在他们幼小的心灵中迸发出探索的激情，从此喜欢上恐龙；即或不能与恐龙美好邂逅，那些曾经来自灵魂的碰撞也定会滋润心田。

　　地球上生物的消长有其自然规律，包括恐龙在内的万千生物都已经湮灭于地质历史的长河中，但它给人以灵感启迪和智慧思考，这恐怕就是我们不懈探求已逝远古生命的意义所在吧！

张玉光

目录

儿童恐龙大百科

恐龙灭绝后的世界

索引

名词解释

恐龙出现之前的世界

"无中生有"的世界

每位读者，无论是成人还是孩子，心里都曾有过这样的问题：我是谁？我从哪里来？我将去往哪里？其实这三个问题已经被讨论了几百年，至今也没有确切的统一答案。

人类生活在地球上，地球又属于太阳系，太阳系存在于银河系中，银河系则是宇宙的一部分，所以可以肯定，我们现在所拥有的一切都是宇宙给的。但是，宇宙又是从哪里来的呢？人类从很早就开始探索了。

中国的远古神话认为宇宙是被一个叫盘古的人创
造出来的，后来的古代先哲们则认为天是圆的，地是
方的；而古巴比伦人则认为天和地都是拱形的；古埃
及人把宇宙想象成以天为盒盖、地为盒底的大盒子；
古印度人想象圆盘形的大地负在几只大象身上，而大
象站在巨大的龟背上。现在看这些宇宙观可能是可笑
的，但是在古代，这些思想已经是非常超前了。

　　现代宇宙学的奠基人爱因斯坦提出了静态宇宙模型，认为宇宙是体积有限而无边界的，既不会扩张也不会缩小。但是后来，天文学家们发现，宇宙的大小并不是固定的，它在慢慢膨胀。于是，科学家推测，在百亿年前宇宙中的物质都集中在一点，在某一瞬间发生了大爆炸，接着不断膨胀，渐渐形成了现在的宇宙。这就是著名的"宇宙大爆炸理论"。

　　在大爆炸之前，宇宙是不存在的，此时宇宙还是一个点，这个点名叫"奇点"。科学家认为奇点是拥有无限密度、无限温度和无限能量的。在一百多亿年前的一个时间点，这个点突然间发生爆炸了，爆炸的"碎片"向四面八方散开来并且不断膨胀，于是时间和空间的概念出现了，"宇宙"这个词也就诞生了。

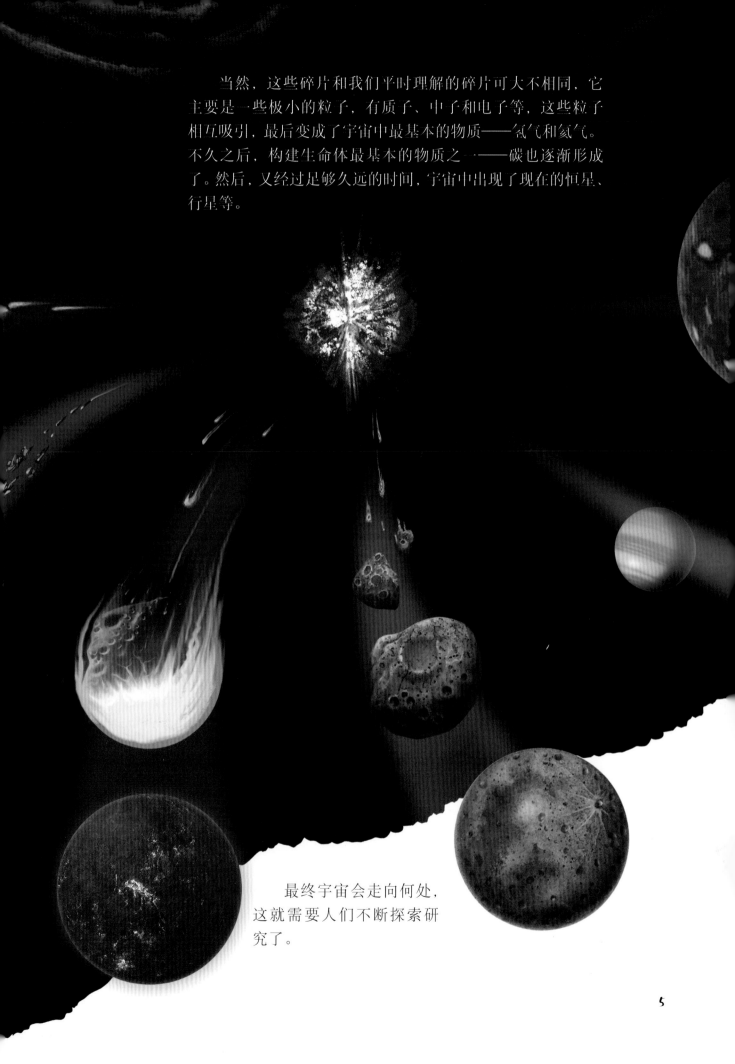

当然，这些碎片和我们平时理解的碎片可大不相同，它主要是一些极小的粒子，有质子、中子和电子等，这些粒子相互吸引，最后变成了宇宙中最基本的物质——氢气和氦气。不久之后，构建生命体最基本的物质之一——碳也逐渐形成了。然后，又经过足够久远的时间，宇宙中出现了现在的恒星、行星等。

最终宇宙会走向何处，这就需要人们不断探索研究了。

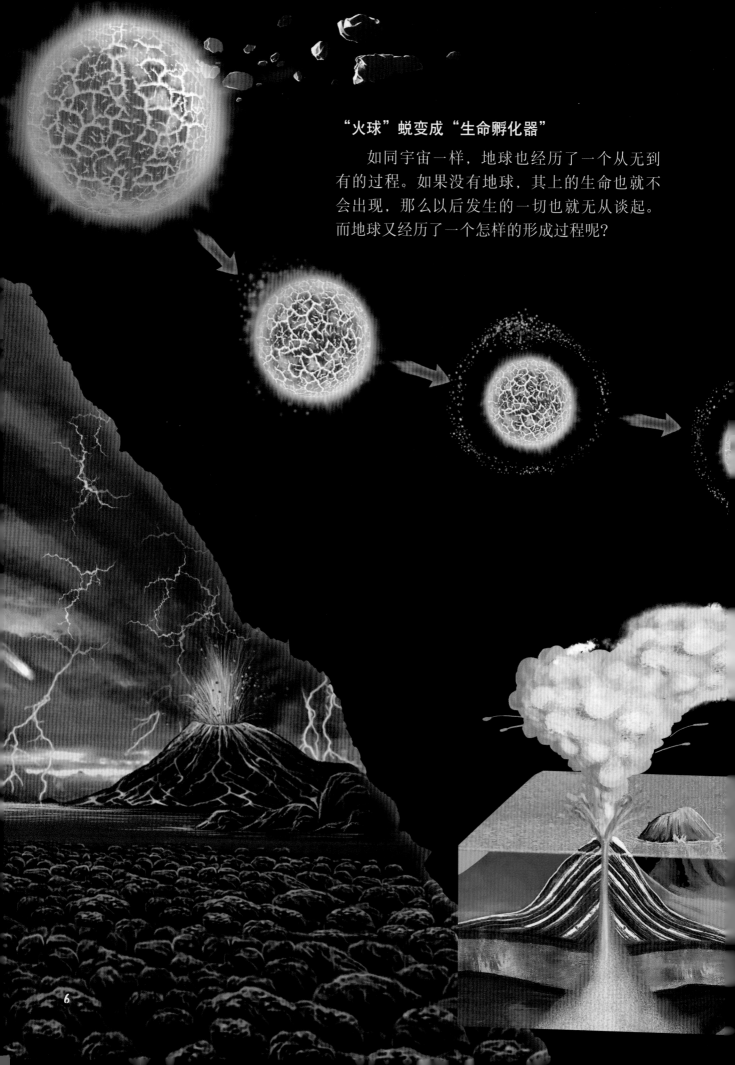

"火球"蜕变成"生命孵化器"

如同宇宙一样，地球也经历了一个从无到有的过程。如果没有地球，其上的生命也就不会出现，那么以后发生的一切也就无从谈起。而地球又经历了一个怎样的形成过程呢？

大约在距今46亿年前，太阳系中的一些碎片，这些碎片包括岩石块、尘埃和气体，因为引力和其他力的相互作用，它们会围绕太阳高速旋转。在旋转的过程中，它们也会被对方的引力吸引，慢慢地，这些物质形成了一个球体，就是地球的雏形。

这时的地球是一个温度极高"液态火球"，主要物质就是液态的岩石。

这个球体越来越大，温度慢慢开始下降，这时候"火球"的最外层逐渐地变成了固态的岩石层，地球如同变成了一个"鸡蛋"，外面是极薄的"鸡蛋壳"，里层则是温度极高的"鸡蛋清"。

但因为"鸡蛋清"温度很高，所以经常会冲破"鸡蛋壳"，这就形成了火山喷发。

地球刚形成的时候，火山活动非常频繁，地球上到处都流淌着炽热的红色熔岩流。后来，火山持续喷发将地球内部的气体携带出来，水蒸气、氢气、甲烷、二氧化碳等气体共同构成了原始的大气层。

后来，火山喷发的次数越来越少，地球的温度也继续下降，地球的固态层越来越厚，还进一步限制了火山的喷发次数。当然，因为天外陨石的不断撞击，"素颜"的地球并不怎么好看，到处都是坑坑洼洼。与此同时，随着温度的继续降低，飘浮在地球上空的水蒸气慢慢冷却，最后就以降雨的形式降落到了地面低洼的地方，水越聚越多，于是就形成了原始的海洋。

叠层石

原始海洋的单细胞生物

前寒武纪
生物

寒武纪
生物

　　此时，地球已经从一个"火球"逐渐蜕变成了一个"生命孵化器"。在距今大约 38 亿年前，最早的生命终于在原始的海洋中诞生了，地球又一次经历了一个从无到有的过程。

地球的年龄

从地球诞生之日起，它就开始经历着生命的演化，而最能记录这些演化差异的就是不同时代的岩层。因此为了更准确地叙述这些演化过程，人们将地球上成层的岩层分成了若干小层，每一层都代表生物进化的一个阶段，这些不同的地层共同组成了地球的地质年代。一般来说，人们常用地质年代单位来区分它们。

霸王龙称
霸天下

天空中出现翼龙

白垩纪

恐龙时代的开始

侏罗纪

三叠纪

大量的鸭嘴龙涌现

下孔型动物统治陆地

寒武纪

带有硬壳的生物大量出现

海生无脊椎动物达到巅峰

二叠纪

奥陶纪

石炭纪

四足动物出现

鱼类的世界

泥盆纪

志留纪

植物登上陆地，有颌鱼类出现

菊石类开始分化

前寒武纪

前寒武纪时期，生命只有细菌、蓝藻、水母和蠕虫。

栖息在深海火山烟囱周围的特殊细菌，这是最初的生命。

10

地质年代中最大的时间单位是"宙"，宙之下是"代"，代之下是"纪"，纪之下是"世"，世下分"期"，期下分"时"。

宙可分为隐生宙（又称前寒武纪）、显生宙。

隐生宙现在已被细分为冥古代、太古代、元古代。

显生宙又分为：古生代、中生代、新生代。古生代分为：寒武纪、奥陶纪、志留纪、泥盆纪、石炭纪、二叠纪。中生代分为：三叠纪、侏罗纪、白垩纪。新生代分为：古近纪、新近纪、第四纪。

哺乳动物开始统治地球

古近纪

新近纪

哺乳动物逐渐大型化

哺乳动物进化得更高级

第四纪

人类逐渐形成

前寒武纪
距今46亿～5.42亿年前

寒武纪
距今5.42亿～4.88亿年前

奥陶纪
距今4.88亿～4.44亿年前

志留纪
距今4.44亿～4.16亿年前

泥盆纪
距今4.16亿～3.59亿年前

石炭纪
距今3.59亿～2.99亿年前

二叠纪
距今2.99亿～2.51亿年前

三叠纪
距今2.51亿～2亿年前

侏罗纪
距今2亿～1.45亿年前

白垩纪
距今1.45亿～6600万年前

古近纪
距今6600万～2300万年前

新近纪
距今2300万～258万年前

第四纪
距今258万年前至今

奥陶纪以物种大灭绝事件结束。
二叠纪以地球上最大规模的物种大灭绝事件结束。
白垩纪以物种大灭绝结束，恐龙、翼龙等大部分动物灭绝。 11

艰难前行的前寒武纪

自从生命在海洋诞生的那一刻起，就被按下了"进化"模式的按钮，这个按钮一旦被启动，就无法停止。直到今天，生命演化还在时刻进行中。

如果把地球的1亿年看作人类的1岁，前寒武纪的生命进化是从38亿年前开始，直到5.4亿年前结束，时间跨度大约为33亿年。这段时间对于人类来说非常漫长，但是对于地球上的生命来讲，仅仅是进化的刚刚开始。这一时期生命的种类非常单一，仅仅有蓝藻及其他几种单细胞生命，而大约在6亿年前才出现了多细胞的生命。

查恩盘虫

叠层石记录了地球古老的历史。它是由蓝藻一层一层地生长过程中细胞分泌的黏液质胶结沉积颗粒而形成的层状增生结构。它们最繁盛的时代在12.5亿年前，随后慢慢减少，减少的原因是捕食蓝藻的生命出现了。

查恩盘虫生活在距今5.7亿年前，体长20厘米，第一眼看上去就像一片树叶，而且还能看到"叶脉"呢。

叠层石

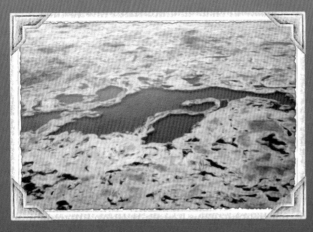

大约距今35亿年前，蓝藻出现在海洋中，蓝藻最大的贡献是制造了氧气，而氧气的出现，为以后需氧生命的出现创造了前提条件。

在距今约6亿年前，海绵生物出现。海绵生物是最早的多细胞生物，它没有头、躯干和四肢，是多个细胞的集合体。

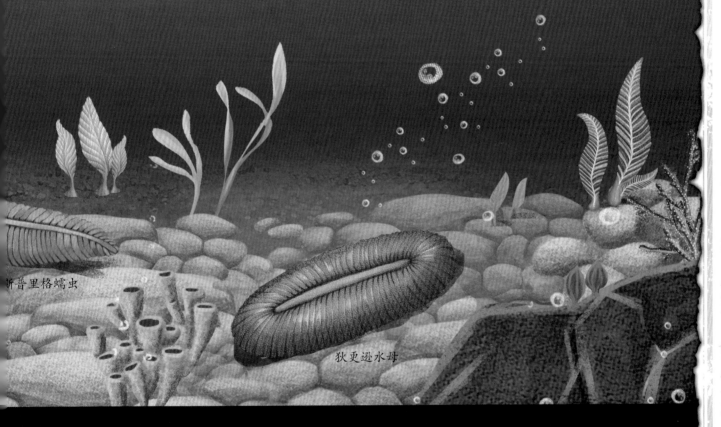

斯普里格蠕虫

狄更逊水母

斯普里格蠕虫生活于距今5.5亿年前，头部呈新月形，身体被中线分成两部分，可能是最早的对称性生物。

狄更逊水母生活在距今约5.6亿年前，外形呈椭圆形，身体两侧对称，体长从4毫米到1.4米，大小不一。

细胞是生命体最简单、最基本的单位，当生物由单细胞生物进化到多细胞生物后，生命的进化也加快了速度。在距今6.8亿～6亿年前的澳大利亚埃迪卡拉地区就发现了一个多细胞的生物群落，也证实了生命进化正在"跃跃欲试"，马上就要并入"快车道"了。

"驶入快车道"的寒武纪

寒武纪开始于 5.42 亿年前，终止于 4.88 亿年前，时间跨度约为 0.54 亿年。如果按照人类的年龄来计算，地球刚过了半岁，人的机体仅仅能增长一点点。但是从生命的进化上来说，它却像是一个襁褓中的婴儿突然学会走路了，如同汽车突然驶入了快车道一样。

在进入寒武纪以后，地球在 2000 多万年间突然涌现出种类繁多的动物，让寂寞了几十亿年的海洋一下子热闹了起来，其中节肢动物、腕足动物、环节动物、海绵动物、脊索动物等一系列生物出现在了海洋之中，自此以后生物的进化开始向多元化方向发展，直到今天，海底还有不少这些动物的后代。

寒武纪动物群以种类繁多、具有坚硬外壳的三叶虫为代表，当然这个时候动物的外形依然非常奇怪，第一眼看上去还以为这些动物是来自外星的生物呢！包括先光海葵、微网虫、怪诞虫、奇虾、抚仙湖虫等。

迷齿虫

威瓦西虫

14

三叶虫是寒武纪出现的有代表性的无脊椎动物之一。它的外形呈卵形或椭圆形，这是节肢动物所共有的特征。它们在地球上生活了将近3亿年，直到二叠纪末期才灭绝，是一种生命力非常顽强的生物。

在寒武纪末期，还出现了脊椎动物的祖先——脊索动物。脊索动物有一条从头到尾贯穿身体的脊索，它可以提高动物控制身体的能力，也被认为是脊椎的起源。正因为脊索的出现，脊椎动物才真正壮大起来，最后统治了地球。

昆明鱼

海口鱼

微网虫同样生活在寒武纪早期，
体长只有10厘米。外表像极了现代的
毛毛虫，只不过体侧长了10对或9对
"脚"。在它的体表覆盖着鳞片状的外
骨骼，在它的身体表面长着鳞状的骨
片，古生物学家认为这些骨片也许有感
光的作用。

先光海葵生活在寒武纪
早期，它长着类似羽毛的触
手，如果不仔细看还以为是
一个"羽毛毽子"呢。"羽
毛"上长着密集的纤毛，这
些纤毛可不是用来保暖的，
而是用来帮助其过滤水中的
细小生物。

怪诞虫生活在寒武纪
早期，体长只有1厘米，但
它却是寒武纪数量最多的动
物。它身上长着7对长刺，
体侧两端长着7对足。在身
体的一端，还长着一个很大
的团状物，那可能是它的头
部，不过上面并没有嘴巴和
眼睛，更没有鼻子。

班府虫生活在
寒武纪早期，体长
约10厘米，躯干、
尾部各占一半，尾
巴呈扭曲状。

威瓦西虫生活在寒武纪末期，外形如同一只"刺猬"，想想看！这样一只只"刺猬"在海底慢慢地蠕动，也是一件非常有趣的事情吧。

寒武纪的生物一般都是只有几厘米长的小型生物，但是诞生于寒武纪中期的奇虾体长却有2米！奇虾有一对带柄的巨眼，嘴里长着环状的牙齿，一对用于捕捉猎物的巨型前肢。除此之外，它还长着一个美丽而巨大的尾巴，尾部末端有一对长长的尾叉，从尾扇背中部伸出。

在寒武纪末期，海口虫、云南虫、文昌鱼都出现了脊索，文昌鱼虽然没有进化成脊椎动物，但它却一直存活到现在。

海口鱼和昆明鱼都属于最原始的脊椎动物，它们出现的时间比上面的脊索动物要晚一些，并渐渐进化成了脊椎动物。

鹦鹉螺走红的奥陶纪

奥陶纪开始于距今约 4.88 亿年前，在距今约 4.44 亿年前结束，中间持续了 4000 多万年。

奥陶纪紧接着寒武纪。这一时期出现了广泛海侵，世界大部分地区都被海水淹没。在海洋中，无脊椎动物达到空前繁荣。原始脊椎动物出现并发展壮大，这就为以后生命向更高级进化奠定了基础。

鹦鹉螺虽然在寒武纪就已经出现，但是在奥陶纪达到顶峰，成为海洋中的主角。卷壳鹦鹉螺体长只有 20 厘米，有着漂亮的外壳，上面有火焰般的条纹。螺壳内部被分成了许多"小房间"，从里到外呈螺旋状排列，最外边的一个"小房间"最大，存放着鹦鹉螺的身体。鹦鹉螺的触手有几十条，可以用来捕食等。在触手下方，有一个漏斗状的结构，肌肉收缩可以向外排水，帮助鹦鹉螺移动。

进入奥陶纪晚期，地球变得异常寒冷，发生了第一次生物大灭绝事件，该事件造成了地球上 60% 的物种灭绝。

淡水无颌类出现在奥陶纪早期，是最早的脊椎动物之一。因为没有上、下颌骨，它们的嘴不能有效地张合，只能靠吮吸甚至仅靠水的自然流动将食物送进嘴里食用。

鹦鹉螺分为卷壳鹦鹉螺和直壳鹦鹉螺，其中直壳鹦鹉螺的生理结构和卷壳鹦鹉螺的基本一样，但它的壳变得笔直，并且体长达到了11米。它们的食物包括三叶虫、星甲鱼等动物，是当时海洋中的绝对霸主。

三叶虫

星甲鱼

笔石是由一类微小的蠕虫状生物——笔石虫组成的一个群体，它们像今天的珊瑚虫一样过着群体生活，并且和珊瑚虫一样，喜欢吃浮游生物。

远远望上去海百合就像是长在海底的植物，可实际上它们是名副其实的动物。海百合、海参和海胆一样都属于棘皮动物。在奥陶纪的海底，到处都是海百合。海百合可分为有柄和无柄两大类。有柄海百合的身体有一个像植物茎干一样的柄，柄上端还长着冠，冠上长着类似蕨类植物叶子的触手及内脏器官。无柄海百合缺少柄，但是有数条小腕，口和消化管也位于花托状结构的中央，既可以浮动，又可以固定在海底。

19

植物始上陆的志留纪

在奥陶纪末期，地球上发生了第一次生物大灭绝事件，有的观点认为，罪魁祸首是一颗中子星与黑洞由于不明原因相撞，撞击产生的伽马射线射向四面八方，地球也在辐射范围。伽马射线杀死了大量的浮游生物，进而导致了食物链的断裂，在之后的几十万年内，海洋中有超过一半的生物彻底灭绝，这个结果使志留纪的生物虽然一直在缓慢地复苏和进化，但直到志留纪结束也未能超过奥陶纪的规模。

志留纪开始于 4.44 亿年前，结束于 4.16 亿年前。在志留纪的海洋中，只有珊瑚、三叶虫、海百合、笔石动物和腕足动物等少数无脊椎动物幸存下来。但是无论是数量，还是种类都已经无法恢复到昔日的辉煌了。

笔石在奥陶纪已经出现了。得益于其他动物的灭绝，在志留纪它得到了进一步发展。

在志留纪晚期，随着海平面降低，在沿海地带出现了沼泽，而那些原始的裸蕨类——光蕨也第一次登上了陆地。从此以后，光秃秃的陆地也彻底改头换面了。

在无脊椎动物的进化减缓以后，属于脊椎动物的鱼类开始了加速进化。它们第一次演化出了颌，颌的出现表明动物真正具有了嘴，这可是生物进化史上最重要的事件之一。

在志留纪早期，有颌的脊椎动物——棘鱼出现了。具有了颌之后，它们就可以用颌作为武器去主动咬住猎物，这就大大增加了它们的生存机会。

板足鲎

奥陶纪大灭绝后，直壳鹦鹉螺受到重创，板足鲎成为海洋中的主角。板足鲎的身体前端一共有6对附肢，最前端的为1双螯肢，这是它们最厉害的武器，可以捕捉猎物。最后1对附肢变得宽扁，类似船桨，可用来推动身体前进。

鱼类大爆发的泥盆纪

泥盆纪始于距今4.16亿年前，结束于距今3.59亿年前。进入泥盆纪，脊椎动物开始逐渐成为主角。此时，作为脊椎动物早期类型的鱼类出现了一个发展的井喷期，甲胄鱼类、盾皮鱼类、软骨鱼类（如鲨鱼类）以及硬骨鱼类你方唱罢我登场。因此，泥盆纪也常被称为"鱼类时代"。

在泥盆纪晚期，还有一个值得纪念的事件，那就是海洋动物中的鱼类开始登陆，最终它们部分演化成了两栖动物，标志着脊椎动物的进化由海洋转向了陆地，也意味着一个崭新的生物时代即将来临。

头甲鱼的头部长着一个坚硬的"头盔"，鳞片也和现代的鱼大不一样，是长条形的骨板。它们的游泳能力不是很强，所以食物范围很窄，只能靠吸食海藻为生。

鳍甲鱼和头甲鱼一样，也有一副沉重的"盔甲"保护着它的头部。另外，在"铠甲"后方还长有一根斜向上的刺，就像现代鱼类的背鳍一样。

盾皮鱼的"铠甲"升级了，它们除了头上被骨片包围外，胸部也被厚厚的甲片包裹着。其中邓氏鱼是盾皮鱼家族代表，它的身体大约10米长。邓氏鱼没有真正的牙齿，但是有两排凹凸不平的刃片，超强的咬合力可以让它轻易咬碎甲胄鱼等动物的外壳，邓氏鱼也因此成为泥盆纪海洋中的霸主。

邓氏鱼

裂口鲨是古老的鲨鱼之一。它的身体外形和现在鲨鱼已经非常接近，不过现在鲨鱼的口是横裂缝状的，但裂口鲨是直裂缝状的。古生物学家研究化石后认为裂口鲨捕猎时会用嘴包裹住猎物，然后一口吞下。

胸脊鲨生活在泥盆纪晚期，是软骨鱼的一种，它有一个非常特殊的平板状背鳍，上面还布满了刺状鳞片。这些奇怪的"装置"只在雄性身上发现，可能是它求偶的工具。

真掌鳍鱼生活在泥盆纪晚期，在它身体两侧有两个肉质鳍，可以用来支撑身体，再加上它进化出了内鼻孔和鱼鳔，可以在水面呼吸，这就让它具备了登陆的条件。

沟鳞鱼是盾皮鱼的一种，体长30厘米左右；它的头部和胸部外面套着一个骨甲，上面还有弯曲的小沟，这也是它得名的原因。

鱼石螈生活在泥盆纪晚期，体长约1米，身体呈现出鱼类和两栖类的双重特征，已经可以在陆地上爬行了。

植物广布的石炭纪

石炭纪时期气候温暖湿润，十分有利于蕨类植物的生长，这时除了海洋外，地球上各个角落都被高大的蕨类植物覆盖着，当这些植物死亡后，会在地表形成几百米厚的植被层，再经过几万年乃至上亿年的变化，这些植物最终变成了煤炭，石炭纪的名字也是因此而来。

石炭纪开始于距今大约 3.59 亿年前，结束于距今 2.99 亿年前。这一时期由于大规模的海退现象，一些总鳍鱼类不得不开始向陆地进发，它们逐渐摆脱了对水的依赖，最终演化成了两栖动物。两栖动物可以分为迷齿类、壳椎类和滑体类三大类，但时至今日只有滑体类还没有灭绝。由于当时在陆地上没有其他天敌，两栖动物在石炭纪迎来了大爆发。

引螈出现在石炭纪早期，属于迷齿类家族，体长达到了 1.8 米以上。它们经常出没于河流湖泊附近，捕食鱼类和其他动物。

远古蜈蚣虫的外形和现代蜈蚣很像，但是身体的长度却超过了 2 米，主要以植物和其他虫子为食。

26

与此同时，无脊椎动物也不甘寂寞，由于大气中含氧量的骤升，许多无脊椎动物变得异常巨大，如节肢动物等。因此石炭纪也被称为"巨虫时代"。

巨脉蜻蜓是石炭纪的一种昆虫，外形与现今的蜻蜓接近，但它的翅膀展开足足有75厘米，是已知地球上曾经出现过的最大昆虫。

林蜥是石炭纪爬行动物的代表，它们的上下颌较长，有小而锐利的牙齿。

巨型马陆体长达到了惊人的3米，身体由多节体节组成，以蕨类植物和其他虫子为食。

石炭纪时期，早期的爬行动物出现，它们的皮肤上长有鳞片，不必像两栖动物那样隔一段时间就需要返回水中。

爬行动物崛起的二叠纪

二叠纪开始于距今约 2.99 亿年前，延续至 2.51 亿年前。这个时期，地壳活动加剧，几块大陆开始合并，到了二叠纪晚期，所有陆地都连在了一起。另外，大面积的海退让陆地面积进一步扩大，海洋范围缩小。自然环境发生了变化，生物演化的轨道也随之发生了改变。

普氏锯齿螈体长约 9 米，从外形看和今天的鳄鱼非常相似，它有细长的嘴巴，嘴里长满了尖锐的牙齿，非常适合捕鱼。

从泥盆纪后期，两栖类开始不断发展，进化出多种多样的类群。到了二叠纪时期，两栖动物不仅种类众多，也出现了体形相当大的个体。在很长一段时间里，两栖动物都是地球上的优势族群。但是，二叠纪期间，由于陆地的抬升，大陆腹地变得异常干旱，这样的环境显然对两栖动物并不友好，而已经进化的爬行动物皮肤被坚硬的鳞片覆盖着，能够保住水分，更加适应干旱的环境。因此，杯龙目、盘龙目和兽孔目三个主要类群的爬行动物在二叠纪得到了快速发展。

笠头螈是生活在二叠纪中期的一种两栖动物。它最突出的特征就是头部呈扁平的箭头状，体长约60厘米，最大能达到1米。

蜥螈生活在二叠纪早期，它的形态介于爬行动物和两栖动物之间，是一个典型的过渡物种。

前棱蜥是一种小型动物，模样有些像蜥蜴。它的头呈三角形，四肢粗壮。

基龙的背上长着骨质背帆，从颈部一直延伸到臀部。这是它们最典型的特征，作用可能是用来调节体温的。

丽齿兽是兽孔目家族的一员，长有锋利的犬齿，能轻易撕开其他动物的皮肉，这让丽齿兽在二叠纪晚期称霸一时。

异齿龙无论是身材还是相貌，都和基龙长得十分相似。它们都属于盘龙目爬行动物。只不过异齿龙是肉食动物，基龙则是植食动物，甚至异齿龙的食物还包括基龙。

水龙兽是兽孔目家族的一员，它们嘴里长有两颗大牙齿，不过它们不会攻击其他动物，只喜欢吃水边的植物。

恐龙生活的世界

横空出世：三叠纪

三叠纪时期的地球

三叠纪开始于 2.51 亿年前，结束于 2 亿年前，是中生代第一个纪。三叠纪的地球和现在的地球截然不同，没有七大洲、四大洋，当时只有一块超级大陆，地质学家叫它盘古大陆或泛大陆。由于超级大陆的面积过于巨大，大部分地区都无法受到海洋的影响，所以到处是热气腾腾的荒漠，气候异常炎热，甚至连南北极都没有冰川。

二叠纪末期的大灭绝让许多生物消失了，旧的格局被打破，幸存的种群——爬行动物在新世界得以迅速扩张、崛起。三叠纪的地球气候干燥，植被较少，裸子植物顽强地发展着，并在三叠纪晚期一举成为陆地植物的主要"统治者"。

腔骨龙

波斯特鳄

三叠纪早期，部分初龙类动物慢慢演化，在三叠纪末期进化成恐龙和翼龙。

三叠纪时期，许多陆生的爬行动物回归水域，重新适应了在水中的生活方式。这一时期，早期哺乳动物出现，它们十分弱小，只能在低调中求生存。

三叠纪末期生物界又出现了一次大灭绝，大约有一半的海洋生物类型彻底消失，只有鱼龙等部分物种侥幸逃脱。陆地上早期的爬行动物也未能幸免，可是恐龙一族却凭借着惊人的生命力存活下来，并且得到了进一步发展和壮大的机会。

真双型齿翼龙

原始龟

异平齿龙

恐龙之祖——初龙

　　从恐龙被发现至今，关于它的认知就不断地发生颠覆性的变化。起初，人们认为恐龙是"恐怖的蜥蜴"或"恐怖的爬行动物"。但是随着恐龙化石的大量发现及其研究的深入，恐龙的定义已经发生了质的变化。

　　从生物演化角度看，恐龙绝不会凭空出现，它们一定也是从其他祖先动物演化而来的。那么恐龙的祖先究竟是什么动物呢？对于这一问题的解答，一直众说纷纭，所以至目前恐龙的起源仍然是一个待解之谜。不过，古生物学家根据一些化石留存下来的蛛丝马迹，认为恐龙直接或者间接地演化自生活在三叠纪早期或中期的初龙类动物。

　　初龙类的后肢比较长，可以用半直立的姿势行走。在三叠纪，它们的身影遍布大陆的各个角落。

初龙并不是一种确切的动物名称，它们囊括中生代在地球上占统治地位的爬行动物，也被叫作主龙，意思是"具有优势的蜥蜴"，主要包括镶嵌踝类和鸟颈类。其中镶嵌踝类是所有鳄类的祖先，而鸟颈类主龙则是恐龙和翼龙的祖先。

当然了，鸟颈类主龙并没有直接演化成恐龙，而是演化成了恐龙形态类爬行动物。顾名思义，这类爬行动物已经非常接近恐龙了。它们继续演化发育，终于在三叠纪晚期演化成了恐龙。

斯克列罗龙是生活在三叠纪晚期的一种鸟颈类主龙，它的体长只有18厘米，后肢非常强壮，平时能用后肢或者是四肢来走路。

兔鳄是一种似兔子般大小、类似于恐龙形态的爬行动物，生活在三叠纪中期。依靠灵活的后肢，兔鳄可以迅速追赶猎物或躲避天敌。

西里龙科的成员中包括一些两足行走的或者可以短时间两足行走的小型植食性爬行动物，存在时间横跨三叠纪中期至晚期，它们也是具恐龙形态的一类爬行动物，包括西里龙、阿希利龙等。

外形上更接近恐龙的马拉鳄龙生活在三叠纪中期，它用强壮的后肢走路。不过它的体形和后期的恐龙仍然无法相提并论，体长只有40厘米。

马拉鳄龙

兔鳄

西里龙

阿希利龙

派克鳄

巨龙出没：侏罗纪

侏罗纪时期的地球

　　侏罗纪是中生代的第二个纪，在三叠纪末期灭绝了大量物种的同时，也给予了恐龙崛起的机会。进入侏罗纪后，幸存的恐龙开始了疯狂演化。在很短的时间内，恐龙迅速发展出好几个分支，种群变得多样化。它们渐渐在陆地上站稳脚跟，并开始谋求独尊的霸主地位。

剑龙

侏罗纪时期，超级大陆分裂，气候变得温暖湿润起来，裸子植物大量繁殖，到处都是松柏森林。银杏等成为常见的植物，蕨类和苔藓贴近地面生长。植物的繁茂使得植食恐龙得到空前发展，不仅种类繁多，还变得巨大无比，而以植食恐龙为食的肉食恐龙自然种群也更为丰富。

腕龙

在海洋中，海生爬行动物继续演化，鱼龙目减少，蛇颈龙目壮大。天空被翼龙所占领。可以说，侏罗纪就是一个以恐龙为主的爬行动物统治的世界。

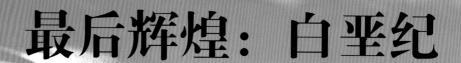

最后辉煌：白垩纪

白垩纪时期的地球

　　白垩纪是中生代的最后一个时期，它开始于 1.45 亿年前，结束于 6600 万年前。这一时期，地球气候和侏罗纪时期一脉相承，到处有生长茂盛的森林，蕨类植物进一步退化，开花植物在地球上开始大面积繁衍。

盘足龙

禽龙

霸王龙

沧龙

陆地仍然被恐龙主宰。不过，蜥脚类恐龙开始退出历史舞台，恐龙家族的成员进一步壮大，鸭嘴龙、三角龙、伤齿龙，以及大名鼎鼎的霸王龙，都是白垩纪才出现的新成员。然而，这是恐龙家族的最后狂欢。

小盗龙

鸭嘴龙

棘龙

艾伯塔龙

甲龙

鱼龙

此时，长尾巴的喙嘴龙不见了，取而代之的是短尾巴的翼手龙；鸟类和翼龙一起出现在天空中；陆地上奔跑着小型哺乳动物。在海洋中，身形超过20米的沧龙成了绝对的霸主，它们以蛇颈龙等大型海生动物为食。

43

恐龙家族的族谱

恐龙凭借强大的实力统治了地球 1.6 亿年之久。在这段漫长的岁月里，它们繁衍生息，后代不断发展壮大，形成了一个种类繁多的庞大家族。在这个家族里，成员特征复杂，外表千姿百态。那么，面对恐龙家族的诸多成员，古生物学家是怎样区分它们的呢？古生物学家根据恐龙臀部的骨盆（专业上称之为"腰带"）的构造，把恐龙分为了两大类：蜥臀目和鸟臀目。

蜥臀目恐龙都长着和现生蜥蜴一样的"腰带"，鸟臀目恐龙都长着和鸟类类似的"腰带"。

蜥臀目又可以再分为蜥脚类和兽脚类。

兽脚类生活在晚三叠纪至白垩纪。它们都是肉食恐龙，长有锐利的爪子，头骨很发达，嘴里长着如匕首一般的利齿。暴龙、异特龙、南方巨兽龙等恐龙都属于兽脚类恐龙。

肠骨

坐骨　　耻骨

阿马加龙

胜王龙

蜥脚类又分为基干蜥脚类和蜥脚形类。基干蜥脚类主要生活在晚三叠纪到早侏罗纪。例如板龙、安琪龙。蜥脚形类主要生活在侏罗纪和白垩纪。它们绝大多数都是大型的植食性恐龙，如马门溪龙、圆顶龙、梁龙等。

梁龙

板龙

肠骨

坐骨

耻骨

鸟臀目可以分为五大类：鸟脚类、
剑龙类、甲龙类、角龙类和肿头龙类。

剑龙

三角龙

慈母龙

甲龙

肿头龙

蜥臀目恐龙

鸟臀目恐龙

蜥脚类

兽脚类

剑龙类

鸟脚类

甲龙类

肿头龙类

角龙类

蜥脚形类

基干蜥脚类

首批现世的恐龙

地球上的第一批恐龙出现在三叠纪晚期。最早出现的恐龙都是牙尖爪利的食肉类，经过演化，植食性恐龙也开始出现，它们在三叠纪的地球上不断繁衍生息，逐渐繁衍成一个大家族。

始盗龙是古老的恐龙之一，它们是两足行走的肉食性恐龙，个头不大，但是凭借锋利的爪子和快速的速度，成为了三叠纪的一名优秀猎手。

皮萨诺龙体长约1米，生活在三叠纪晚期，是一种植食性恐龙。古生物学家推测，皮萨诺龙也许是最原始的鸟臀目恐龙。

埃雷拉龙是一种古老的恐龙，它和后来的肉食性恐龙有许多相同之处，比如锐利的牙齿、较大的利爪和强有力的后肢，以其他小型爬行动物为食。

板龙是三叠纪晚期的恐龙。体长6～8米，在三叠纪，板龙算是十分高大的恐龙了。

始奔龙的意思是"开始的奔跑者"，它也是一种植食性恐龙，体长大约1米，生活在三叠纪晚期。

南十字龙身长约2米，它们的化石出土于南半球，所以用南半球才能看到的南十字星座给它们命名。南十字龙有五根前指和五根后脚趾，这是恐龙非常原始的特征。

理理恩龙同样是活跃在三叠纪的掠食者。它们的脖子很长，脑袋很小。头骨顶端还长有两片薄薄的脊冠。但因为太过脆弱，显然不能成为防御的工具。根据推测，脊冠应该只是吸引异性的"道具"。

巨型蜥脚类恐龙

如果有人告诉你，地球上曾经生活过体长30米的大怪物，你会觉得他是异想天开。但是化石告诉我们，这种巨型生物的的确确存在过，它们就是蜥脚类恐龙。

侏罗纪时期气候比现在温暖许多，植被也十分茂密，对于很多植食恐龙来说，它们在森林里有吃不完的食物，因此一般都长得巨大无比。

腕龙

基干蜥脚类恐龙也属于蜥脚类恐龙，这类恐龙体型中等，只有 10 米左右，但与同时期其他动物相比，它们也已经是巨无霸了。毕竟当时的哺乳动物，也才只有老鼠般大小。若是被这样的巨无霸踩上一脚，那肯定一命呜呼了。

禄丰龙

基干蜥脚类恐龙有一个狭小的头部和细长的脖子，因为前肢比后肢短，所以可能会采用两足或半四足走路。基干蜥脚类恐龙有一条粗壮的尾巴，这样在走路时就可以平衡身体。里奥哈龙、黑丘龙、板龙、禄丰龙、云南龙都属于基干蜥脚类恐龙。

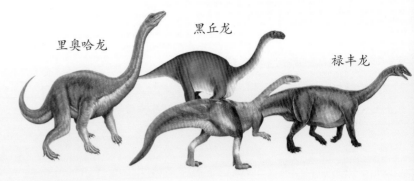

里奥哈龙　　黑丘龙　　禄丰龙

板龙

哈氏梁龙

云南龙

阿马加龙

侏罗纪早期，蜥脚形类恐龙出现了，它们比基干蜥脚类恐龙有着更长的脖子、更大的体形，比如梁龙、阿根廷龙、超龙、波塞冬龙等侏罗纪到白垩纪时期的蜥脚形类恐龙体长都有三四十米。和基干蜥脚类恐龙相比，蜥脚形类恐龙的尾巴又细又长，如同一根巨型长鞭，这根"巨鞭"主要用来抽打来犯的敌人。

蜥脚形类是个大家族，梁龙、迷惑龙、腕龙、马门溪龙、圆顶龙等恐龙都是这个家族的成员。当然，在蜥脚形类恐龙中也有一些"小个子"，如叉龙科的叉龙、阿马加龙、短颈潘龙，它们的体长只有10米左右，发现于德国的欧罗巴龙体长甚至还不到7米，算是这个家族中的另类了。

身背"利剑"行天下的剑龙类

中生代时期的恐龙多不胜数，想让自己与众不同，那必须得在外形上下一番工夫，比如说有一类恐龙的背上长着两排"利剑"，它们所到之处，必然会引起一阵骚动，这就是剑龙类。

当然了，这种"利剑"实际上是剑龙类身体的一部分，是由骨骼组成的骨板，这些骨板大小不一，脖子和尾巴上方的骨板比较小，中间的骨板逐渐变大。在剑龙尾巴的末端，还长有四根长刺，这也是辨认它们的关键特征。

剑龙骨骼

剑龙尾刺

　　剑龙类最早出现于侏罗纪中期，在侏罗纪晚期达到了进化的顶峰，但是在进入白垩纪以后，就迅速地灭绝了。著名的剑龙类包括华阳龙、巨棘龙、剑龙、钉状龙等。

长着"鸟脚"的鸟脚类

　　鸟脚类恐龙出现于三叠纪晚期，一直延续到白垩纪晚期，在地球上生活了一亿多年。它们用强壮的后肢奔走，有时也会四肢着地。早期的鸟脚类恐龙体形很小，如莱索托龙只有 1 米左右。后期的鸟脚类恐龙体形变大，如鸭嘴龙能长到 10 米左右。

莱索托龙

　　从远处看，一只小型的鸟脚类恐龙看上去也许和兽脚类恐龙很像，因为它们都会用后肢站立、奔走。但其实，它们完全不同。鸟脚类恐龙从正面看，长得很像鸟类，头部长有喙和颊囊。它们的前肢也不太一样，鸟脚类恐龙有四到五根指，而兽脚类恐龙只有两到三根指。

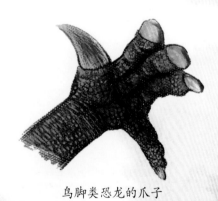

鸟脚类恐龙的爪子

兽脚类恐龙的爪子

畸齿龙

法布劳龙

棱齿龙

鸟脚类恐龙是一个庞杂的类群，包括畸齿龙科、法布劳龙科、棱齿龙科、禽龙科、鸭嘴龙科等。在白垩纪晚期，鸭嘴龙科成了演化得最成功的鸟脚类恐龙。

禽龙

鸭嘴龙

尖爪利牙的兽脚类

大家一听到兽脚类恐龙，肯定会觉得它们长着野兽一样的脚。其实并不是，兽脚类只是古生物学家用来区分肉食恐龙和植食恐龙的一个专业分类名词。恐龙分为鸟臀目和蜥臀目，其中所有的肉食恐龙，无论大小，都是蜥臀目中的兽脚类恐龙。

美颌龙

在所有恐龙类群中，大约有40%属于兽脚类恐龙，包括地球上出现的第一批恐龙成员和最后消失的恐龙，它们是整个恐龙时代的胜利者和统治者。既有霸王龙那样的大块头，也有如火鸡般大小的美颌龙。

眼睛很大

匕首状牙齿

前肢短小灵活，长有利爪

后肢粗壮有力

兽脚类恐龙眼睛很大，视力发达，能发现远处的猎物；嘴里长满又长又大、匕首状牙齿，在牙齿边缘有许多小锯齿。这种牙齿适于咬死猎物，并且能够将猎物身上的肌肉和肌腱割断、撕成碎片。它们的前肢短小灵活，长有利爪，后肢粗壮有力。所以兽脚类恐龙基本都是肉食性恐龙，但随着演化，也有一小部分兽脚类成为杂食恐龙。

身似"坦克"的甲龙类

　　甲龙类恐龙是一类以植物为食、全身披着厚厚"铠甲"的恐龙。甲龙类身上覆盖着厚厚的鳞片，就像铠甲一样坚硬无比，上面还长满了长刺和半圆形的骨钉，这是甲龙类的防御武器。它们的尾巴非常坚硬，部分甲龙类尾巴末端还有一个尾锤，如果不小心被尾锤狠狠地击打一下，捕食者可能会被击晕过去。

多刺甲龙

林龙

美甲龙

甲龙用四肢在地上缓慢爬行。如果有人能穿越回白垩纪末期，看到甲龙一定会大吃一惊，这明明就是行走的坦克啊！

甲龙类主要分为甲龙科和结节龙科，区别就是结节龙科恐龙的尾部没有骨锤，而大部分甲龙科恐龙是有骨锤的。

因为甲龙的身体太笨重了，再加上四肢粗短，所以它们贴地行走，头也不会抬得很高，只能吃地面的低矮植物。

棘甲龙

甲龙

多智龙

加斯顿龙

头上长角的角龙类

　　白垩纪时期，凶猛的食肉恐龙层出不穷，一些植食性恐龙为了生存，演化出奇形怪状的防御武器，其中角龙类演化得相当成功。

　　角龙类主要有两种：一种是早期的鹦鹉嘴龙科，这类恐龙并没有明显的鼻角和颈盾，长着像鹦鹉似的喙嘴，生活在白垩纪早期。

鹦鹉嘴龙

五角龙

另外一类是生活在白垩纪晚期的角龙科恐龙，典型的特征就是头上长着角，脖子上还长着巨大的颈盾。一些恐龙的颈盾边缘还长有一排排有规律的突起，这些突起就像装饰花边一样，古生物学家推测这样的突起可能具有吸引异性的作用。著名的角龙科恐龙包括三角龙、五角龙、戟龙、华丽角龙等成员。其中三角龙有非常大的颈盾，鼻孔上方有一根角，眼睛上方有一对角。它们的角是非常厉害的武器，有时候就连霸王龙也不敢轻易招惹它们。

三角龙

戟龙

华丽角龙

戴"头盔"的肿头龙类

　　肿头龙类也是白垩纪时期新出现的恐龙。这一家族的标志性特点是成员的头骨都很厚，个个像戴了安全帽一样。

肿头龙类是一类小型植食恐龙，它们长着又厚又高的头骨。古生物学家认为，肿头龙类家族的成员会用头骨相互撞击，胜者可以成为首领，或是赢得异性的青睐。当然，这种硬头也是它们的武器。当族群受到侵犯时，家族的成员可以摆出"铁头阵"，抵御外敌。

不是所有肿头龙类恐龙的头骨都那么夸张，也有不明显的，比如平头龙。

探寻恐龙的秘密

恐龙的那些事

四足或两足行走

其实，在恐龙刚出现时，它们基本都用两条腿昂首阔步地行走和奔跑，行走和奔跑是它们比其他爬行动物更具有优势的地方。不过后来随着恐龙的体形越来越大，有些恐龙嫌两条腿跑得太累，偶尔会在休息或奔跑时用四条腿，以便增加身体的稳定性。这样经过漫长的演化，有的恐龙渐渐变成了四足动物，但是有的仍然坚持两足行走。

植食性的蜥脚类恐龙在进化过程中体形越来越大，两足走路也越来越吃力。为了支撑起笨重的身子，它们只能用粗壮得像柱子一样的四肢来行走。

植食性恐龙中大型鸟脚类恐龙可能会采用两种方式来走路。如鸭嘴龙，平时在走路时，它们可能会慢悠悠地用两条腿走路。但是一旦遇到危险，它们可能就会前肢着地，用四肢逃跑，因为这样可以降低重心，最有利于快速奔跑。而小型的鸟脚类恐龙基本会用两条腿走路。

对于肉食性恐龙而言，它们的后肢很强壮，适合快速奔跑，而前肢比后肢短很多，仅仅是用来帮助抓紧猎物的，因此肉食性恐龙基本都会用两条腿走路。

恐龙的体温

　　恒温是高级动物才具有的一种特性，恒温动物的体温调节机制比较完善，可以在环境温度变化的情况下保持体温的相对稳定，如鸟类和哺乳动物。而变温动物自身不能调节体温，只能靠行为来调节体热的散发或从外界吸收热量来提高自身的体温。那么，有人不禁会问，作为爬行动物家族的一员，恐龙是恒温动物还是变温动物呢？

热血动物　　　　　　　　冷血动物

　　有些古生物学家认为，如果恐龙是冷血动物，它们的行动很可能迟缓呆滞，大部分时间都需要躺在太阳底下吸收热量，只有捕食时才出动。但是很多事实表明，恐龙行动敏捷迅速，大部分时间都要吃、吃、吃，这些更符合恒温动物的行为。

有人提出了质疑，中生代地球上的气候比现今温暖许多，当时没有明显的四季变化，日夜温差不大，就连南北两极都没有多少冰雪覆盖，也没有严寒，全球一片温暖。生活在这样的环境下，即使是变温动物的行动也不会受到多少限制。不过这个理论同样不能解释其他动物生存下来的原因。

恐龙的身高

我们做体检的时候，都会有身高、体重等项目。如果恐龙去体检，身高和体重真不好测量，因为根本没有适合测量恐龙身高、体重的仪器。不过没关系，我们在全世界发现了很多恐龙化石，古生物学家通过化石，知道了这些史前恐龙到底有多高。

恐龙家族也有小巧玲珑的类型。小盗龙全长大约60厘米；黄昏龙站起来的身高只有45厘米，体形比猫还小。

梁龙

腕龙

侏罗纪时期，地球的气候比现在温暖潮湿，因此遍地都是茂密的森林，植食性恐龙把自己吃成了巨无霸。拿峨眉龙来说，身高4～7米，这只算是恐龙中的中等身材。要知道，现生动物中最高的长颈鹿也才6米高。而腕龙随随便便站出来，就差不多有5层楼高。

肉食性恐龙为了捕食植食性恐龙，不甘落后，体形也越来越大。比如著名的霸王龙，体长11～14米，站起来有6米多高。

泰坦巨龙

马门溪龙

泰坦巨龙

梁龙

腕龙

霸王龙

体形身高对比

71

给恐龙称量

我们想要知道恐龙的身高、体长还可以靠测量骨骼得出一个基本准确的数字，如果是要给恐龙测量体重，那可是比较困难的事情。因为恐龙的肌肉组织已经腐烂，根本没有办法称体重。

古生物学家想出了各种各样的办法，目前世界上公认的恐龙体重的测量方法是利用物理学的一个公式：物体的质量＝体积×密度。

具体的操作是这样的，如果想要得到某只恐龙的体重，古生物学家们根据医学、力学等知识把恐龙的各个部分都复原组装好，甚至包括恐龙的皮肤及毛发，然后再根据这只恐龙的大小做出一个缩小了的恐龙模型。

把做好的模型放进一个空箱子里，往箱子里倒一些沙子，匀称地盖住恐龙。这时候把模型拿出来，沙子的高度就会下降，再倒沙子来补平下降的高度，加进去的沙子就是恐龙的体积。这个计算方法和我国古代曹冲称象的方法差不多。

算好了体积，就需要算恐龙的身体密度，恐龙身体的密度是根据与它关系比较近的、现代的爬行动物身体的密度来推测的。把恐龙模型的体积放大到原来的大小，乘以它的密度就大致知道恐龙的体重了。

除此之外，还有一些其他的算法，一些古生物学家根据恐龙腿骨密度的公式计算体重，这种方法产生的体重误差相对要高一些。经计算，目前已知的体重最重的恐龙是阿根廷龙，体重约90吨。小的恐龙也有很多，有的体重在1千克左右。

按照鳄鱼的密度估算

重量　体积　密度

恐龙的智力

恐龙是一个庞大的家族，按常理推断，其中肯定会有聪明的恐龙，也有笨拙的恐龙。身高、体重可以计算出来，但由于技术有限，人类还无法准确计算出恐龙确切的智商。不过，要想知道动物的智力水平，最简单的方法就是确定它们的脑和身体的相对比例。通常情况下，越是聪明的动物脑容量所占的身体比例就越大。

伤齿龙

鸟脚类恐龙

剑龙类恐龙

蜥脚类恐龙

除了估算、判断脑容量，还可以通过恐龙的生活方式来寻找蛛丝马迹。一般来说，体形很大，不需要猎食的恐龙可能都不太聪明。它们的生活只有不停地进食，不需要思考，不需要控制力或协作能力。游牧类型的恐龙和群体猎食者因为需要思考如何捕食，如何提高团队作战能力，所以它们的智商比较高。

经过多方面综合研究，古生物学家给恐龙智商做了一个排行榜：身体轻盈的伤齿龙最聪明；牙尖爪利、横行霸道的兽脚类恐龙排行第二；白垩纪大放异彩的鸟脚类恐龙排行第三；性格温顺的角龙类恐龙排行第四；笨重的剑龙类恐龙排行第五；浑身盔甲、慢吞吞的甲龙类排行第六；巨大无比的蜥脚类恐龙智商最低。

兽脚类恐龙

角龙类恐龙

甲龙类恐龙

恐龙的视力

　　在电影《侏罗纪世界》里可以看到，很多恐龙是用嗅觉和听觉来感知周围环境，很多人一直认为恐龙的视力可能很差，真实的情况是这样吗？

恐爪龙　　　　霸王龙　　　　禽龙　　　　梁龙　　甲龙

恐龙视力排行

其实，视力的好坏主要由眼睛的大小和两只眼睛的位置决定。一般来讲，大眼睛的动物视力比较好，双眼位置越近的动物视力越好。在现生动物中，视力最好的应该是猛禽中的鹰类。

兽脚类恐龙大都具有一双大眼睛，它们目光敏锐，视力出众。其中，尤以霸王龙、似鸟龙和伤齿龙等的视力最好。它们的眼睛不仅又圆又大，而且位置靠近脸部前面。借助这样的眼睛，它们能够准确地看清楚远距离的猎物，以便迅速地捕捉猎物。甚至有些恐龙视力超群，能够在夜间进行捕猎。

甲龙类、剑龙类、肿头龙类的眼睛相对较小，它们的视力可能很差，尤其是又低又矮的甲龙，出现在它们眼前的，可能只有植物的根茎。

77

恐龙的牙齿

我们平时吃完东西，少不了要刷牙漱口，保持口腔卫生，因为我们人类的牙齿只能换一次。而恐龙就比我们幸运得多，它们一生都可以换牙。如果一颗牙齿磨损坏了，就会有新牙长出来代替这颗坏牙，真是让人羡慕呀！但是我们要知道，恐龙种类有很多，所以它们的牙齿也各不相同。

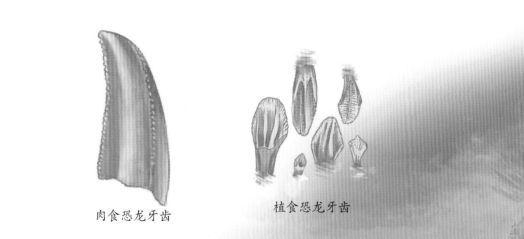

肉食恐龙牙齿　　　　　植食恐龙牙齿

一般来说，肉食性恐龙的牙齿比植食性恐龙的牙齿锋利，外形像弯曲的匕首，可以刺破猎物的皮肤。

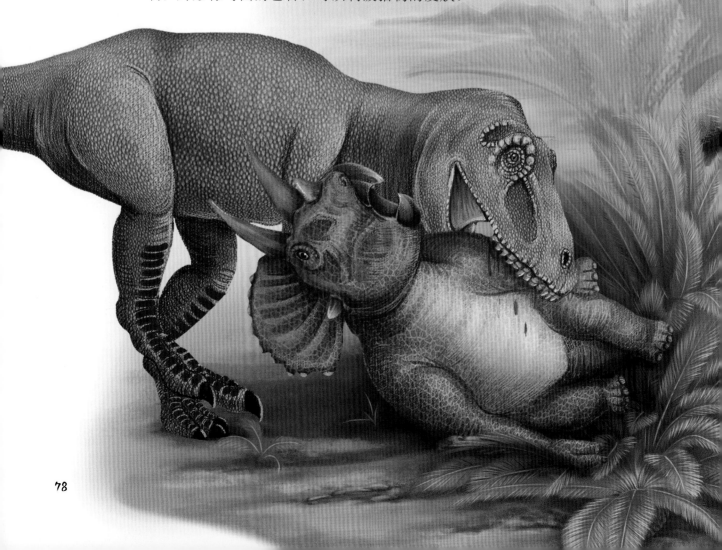

| 马门溪龙牙齿 | 鸭嘴龙牙齿 | 剑龙牙齿 | 角龙牙齿 | 甲龙牙齿 |

中生代比较流行的植物主要有苏铁、棕榈、银杏、松柏等，后来还出现了不少被子植物。不同的植食恐龙牙齿形状不同，这与它们的食物和"吃饭习惯"有关。马门溪龙的牙齿像个小勺子，可以咬断树叶和嫩枝；梁龙类的牙齿像钉子，可以把树叶和嫩枝拔起来后再吃掉；甲龙类和角龙类嘴的前半部分是喙状的，可以抓取食物，再交给嘴巴后部的牙齿来切割。

三叠纪时期

蕨类、苏铁及松柏类

侏罗纪时期

裸子植物中的松柏类、银杏类繁盛

白垩纪时期

裸子植物繁盛，被子植物大发展

鸭嘴龙嘴巴里有成百上千颗倾斜的菱形牙齿，在研磨食物的同时随时等着候补、替换。

鸭嘴龙牙齿化石

恐龙的叫声

　　恐龙出现于 2.3 亿年前的三叠纪晚期，灭亡于约 6600
万年前的白垩纪晚期，这个时候人类还没有出现，绝对没
有人听到过恐龙的声音。那么，恐龙可以发出声音吗？

　　虽然恐龙已经离开地球 6600 万年，但是它们
留下了骨骼化石。古生物学家们把骨骼化石挖出
来的时候，会仔细研究每块骨骼有什么用。在这
个过程中，古生物学家发现有些恐龙头骨上有一
个形状独特的结构，推测这可能就是恐龙用来发
声的器官。

于是，古生物学家根据恐龙化石的结构用电脑模拟出了一个恐龙的大脑结构，又复原了恐龙的声带并采集了大量动物的声音，比如大象、狮子、老虎和一些鸟类的叫声，来模拟出想象中的恐龙的声音。比如霸王龙发出虎啸般的嘶吼声，小型兽脚类恐龙叫声像鸟一样，大块头的蜥脚类恐龙发出低鸣声。当然，这只是古生物学家加工出来的恐龙声音，真正恐龙是如何发声的，还是一个谜团。

恐龙的性别

　　家长跟孩子介绍恐龙知识时，都会下意识说恐龙妈妈、恐龙宝宝的，可到底是怎么确定哪个是恐龙爸爸，哪个是恐龙妈妈？也就是说如何分辨恐龙的性别？由于时代久远，恐龙骨骼埋藏在地层中达数千万至亿年，可以区分性别的软组织都消失殆尽，要想分辨恐龙的性别可真不是一件简单的事情。目前古生物学界认为有三种方法可以区分恐龙的性别。

　　第一种方法是依据骨骼化石来判断。骨骼化石中有一种特殊的骨层，叫作骨髓层，是雌性恐龙在生育期才会有的。但是这种方法只能鉴定生育期的雌性恐龙，对于雄性恐龙、幼体恐龙或者失去生育功能的年老恐龙，就无法判别了。

骨骼化石剖面

第二种方法是根据恐龙的头冠进行区分的。古生物学家认为恐龙的头冠可以区分雌雄，依据头冠的稀疏程度和高低位置来分辨性别。雄性的头冠大而鲜艳，雌性的头冠比较小。但这个方法只适用于少数有头冠的恐龙，如果没有头冠，恐龙就无法区分。

第三种方法是根据体形来鉴别的。在现生高等动物中，雄性在骨骼大小、力量等方面都很有优势，雄性动物也会更漂亮，皮毛更鲜艳。恐龙也可以借鉴这种方法，根据骨骼大小来判断性别。但是这种方法只适合于现生动物，对于恐龙则没有严密的科学依据。目前，古生物学家正在探索更好的研究方法，来进一步揭示恐龙的性别问题。

恐龙的皮肤

　　恐龙的身体到底是什
么样的？它们的皮肤是什
么颜色？肯定有很多人都
想知道这些问题的答案吧。
但遗憾的是，恐龙化石是
无法保留恐龙皮肤颜色的。

恐龙的化石能告诉我们恐龙的形态，但是它却不能告诉我们恐龙皮肤的颜色，因为这些化石往往是由骨骼形成的，不容易腐烂，但是皮肤的成分主要是蛋白质，保留下来非常困难，这就为古生物学家推测恐龙的皮肤情况带来了大麻烦。不过，一些"印痕化石"的发现，再结合一些现生爬行类的皮肤，古生物学家也做出了一些推测。

从印痕化石来看，大多数恐龙的皮肤和蜥蜴、鳄鱼等爬行动物的皮肤差不多，表面覆盖着不规则的多边形鳞片，有些还长有角质骨板。这样的皮肤可以保护自己，还能减少身体水分的流失。

一些大型恐龙，如蜥脚类恐龙的皮肤颜色和现生的蜥蜴应该很相似，外表以灰黑色为主，由于它们有强大的敌人，会尽量让自己在森林中不显眼。而大型肉食恐龙的皮肤以灰褐色为主，也是尽量避免在捕食时被发现。但也有的恐龙为了吸引异性，繁殖期的颜色会比较鲜艳。

一些体形偏小的肉食恐龙，为了隐藏自己，方便捕猎，增加成功概率，它们的皮肤颜色很可能是偏向土壤颜色的土黄色，或者树叶颜色的草绿色。

然而，这些都只是推测，并不一定正确。有的古生物学家甚至大胆猜想，某些恐龙的皮肤颜色有可能随着环境的改变而改变，就像现在的变色龙一样。

恐龙蛋的秘密

如果问你小鸟的蛋有多大，你会说像一颗葡萄；如果问你鸵鸟的蛋有多大，你会说像一个哈密瓜；但是如果问你恐龙的蛋有多大，这个问题你该怎么回答呢？

按照人们的认知常规来讲，恐龙蛋的大小一定和体形成正比，这个推理其实是没有错的。那么按照鸵鸟蛋来推测，像30米长的阿根廷龙的蛋是不是要有好几米长呢，答案是否定的，原来恐龙是终生生长的，所以身体的大小并不能够反映出蛋的大小。目前在世界各地发现了数以千计的恐龙蛋，通过对比，古生物学家发现恐龙蛋大小不一，小的与鸭蛋差不多，大的直径超过50厘米，足足有3个鸵鸟蛋那么大。

神奇的是，人们发现有些恐龙蛋化石是两两排在一起的，这两个蛋明显区别于其他蛋，古生物学家推测有些恐龙具有双卵巢和双输卵管，这样就可以一次下两个蛋。

胚胎中的路易贝贝

45厘米

鸡蛋

5厘米

慈母龙

15厘米

窃蛋龙、驰龙、伤齿龙等小型兽脚类恐龙的蛋一般呈长圆形。

在现生动物中，无论是鸟还是爬行动物，它们的蛋都基本为椭圆形，蛋头比较尖、蛋尾比较圆。但是恐龙蛋的形状则是多种多样，有的是椭圆形，有的是圆形，有的则是长椭圆形或者是橄榄形。

早期的恐龙蛋表面比较光滑，而后期的恐龙蛋外表出现了花纹或粗糙的条纹及小的瘤状突起，这些可能是为了增加蛋壳的硬度，从而提高小恐龙的存活率。

马门溪龙、梁龙和雷龙等用四肢行走的大型恐龙，蛋多为圆形。

简陋的巢穴

一个月明星稀的晚上，一只大海龟慢吞吞地上了岸，自从上一次离开这个小岛，已经几年过去了。只见这只海龟艰难地挖出一个深洞，把卵产在里面，接着用沙土掩埋，然后就慢吞吞地回到海洋中去了，小海龟的生死就要靠它们自己了。那么，作为爬行动物中的一员，恐龙是不是也像海龟这样呢？

　　在产蛋之前，雌性恐龙们会先筑一个窝，窝的样式多种多样。有的恐龙妈妈只是在沙土地上挖一个圆坑，圆坑周围用泥土围上，这样可以起到防水的效果。有的恐龙妈妈可能会先在地面上堆一个很高的土堆，然后再在土堆上挖一个坑，这就是它们的巢穴。

恐龙蛋的孵化

　　蛋的形状不同，恐龙妈妈产蛋的方式也不同。产长形蛋的恐龙妈妈会把蛋产在窝的四周，蛋两两一起，呈辐射状排列，产完一层蛋后埋上一些土再产蛋，最后扒一些泥和植物盖上。而产圆形蛋的植食恐龙会把蛋随意产在窝里，然后再扒一些泥沙掩埋上。

　　有人会问，恐龙产完蛋后会亲自孵化吗？古生物学家发现窃蛋龙会像鸡一样坐在窝上面孵蛋。这一研究也给窃蛋龙洗刷了冤屈，因为在很长一段时间里，人们都认为它是在偷窃其他恐龙的蛋。

至于其他恐龙是不是也会孵蛋，
这就需要发现更多的化石验证了。不
过，根据现生爬行动物的孵化方式来
推测，许多恐龙可能会依靠阳光的热
量让蛋自己孵化；但也有些恐龙会像
窃蛋龙一样亲自孵化自己的蛋。

恐龙宝宝的生长

在哺乳动物中，大多数都是母亲照顾宝宝，对宝宝进行哺乳和抚育的。这样一来，可以减少天敌对宝宝的侵害，还可以让后代通过学习，获得技能。那么，恐龙宝宝是怎么长大的？也是由妈妈抚育照顾吗？

在中国辽宁发现的一组鹦鹉嘴龙化石中，包括一个成年鹦鹉嘴龙，34只未成年鹦鹉嘴龙遗骸，说明鹦鹉嘴龙妈妈一直在照顾自己的孩子们成长。

恐龙破壳的过程

在白垩纪有一种鸭嘴龙叫慈母龙，会像鸟类一样产蛋，还会卧在蛋窝上给蛋保持温暖。如果它需要进食，还会"拜托"其他恐龙看护恐龙蛋。一旦恐龙宝宝出生，慈母龙会照顾自己的孩子，给它们喂食，抚养它们长大。

恐龙的食物

我们人类需要一日三餐，恐龙也需要吃东西来维持生命。可是恐龙会吃什么呢？想要知道这个问题的答案，那就要求助于化石了。

在极少数情况下，恐龙化石里还会藏着还没来得及消化的"最后晚餐"。古生物学家曾在鸟脚类恐龙埃德蒙顿龙的胃里发现了松子、树皮和松针的碎片，说明它们多以植物为食。

除了最后的晚餐，粪便化石也能观察出恐龙的食物。千万别以为粪便化石会很臭，经过石化，粪便化石已经没有了气味。粪便化石中含有食物的残渣和碎片，古生物学家可以从粪便化石中了解到很久以前那些制造粪便的、已灭绝动物的大量信息。

恐龙食物

恐龙粪便化石

恐龙也需"健胃消食片"

古生物学家经常会在恐龙化石骨架的胃部区域或埋藏恐龙化石的岩层中发现磨圆度极高的小石子，这些石子显然并不是恐龙的食物，那么恐龙为什么要吞下这些石头呢？

这些小石子被称为胃石，多数情况下吃石头的恐龙都是蜥脚类恐龙。其实恐龙吃这些石头也是不得已的办法。由于它们体形庞大，为了获得足够的能量，它们几乎一天到晚都在吃啊吃，吃啊吃。

但是，这些大恐龙没有用于咀嚼的臼齿，吃进去的植物很难消化。所以，大恐龙就会吃下石子，石子会帮助胃磨碎食物，时间一长，这些石子也相互磨得很圆，相当于恐龙的"健胃消食片"。在现代，鸟类也会吃些石子帮助消化。

97

恐龙中也有游泳高手

在现生爬行动物中，乌龟和鳄鱼都是游泳高手。人们不禁会问，爬行动物中最厉害的恐龙会不会游泳呢？

古生物学家认为，一些恐龙可能会游泳，虽然姿势可能不太好看，但它们确实会游泳。所以我们也许可以大胆猜想，有的恐龙是游泳高手，有的是游泳菜鸟。

恐龙是陆地动物，为什么要游泳呢？其实，根据现代生物的习性可以推测，恐龙游泳的目的可能是为了寻找水中的食物、躲避捕食者、给身体降温，还有的也许是要向对岸迁徙。

蜥脚类恐龙有很长的脖子、笨重的身体，这让它们在陆地上只能慢慢行走。有的古生物学家认为，为了躲避敌人，它们会进入水中，让水托起笨重的身体。它们游泳时可能会采取前脚迈进、后脚蹬水的方式。

鸭嘴龙尾巴扁平，依靠尾巴摆动，可以在水里游得很快。

棘龙可能天生就是水陆两栖恐龙，它们体形很大，鼻孔位置偏上，棘龙可以边游泳边呼吸，扁平的大脚、长长的前肢非常适合划水，它们甚至能控制自己在水中的沉浮。有的古生物学家认为，棘龙绝大部分时间生活在水中，以鱼类为食，是非常优秀的"渔民"。

恐龙也会生病

　　人和动物，甚至植物都会生病，人生病了可以去医院，动物生病了可以找兽医或者去宠物医院。那么，生活在中生代的恐龙会不会生病呢？答案是肯定的。

　　古生物学家曾经在一件恐龙下颌骨化石标本上发现了牙病。他们给化石做了 X 光检查和 CT 扫描，推测这只恐龙可能是意外咬到硬物而受伤，造成牙齿缺损。

　　在美国蒙大拿州出土的一具恐龙化石中，古生物学家发现了脑部肿瘤，肿瘤很大，占据了这只恐龙大脑的大部分空间，影响了它的平衡和运动能力，甚至可能导致了它的死亡。

　　古生物学家还曾在鸭嘴龙前肢化石上发现有伤痕和感染的痕迹，这只鸭嘴龙可能是因为剧烈打斗受伤或关节破损，然后受到了感染，患上关节炎。当时可没有医生和药物，鸭嘴龙可能因为疼痛不止和觅食艰难，受伤不久就死去了。

一些古生物学家认为，可以从骨骼化石的生长环来测定一些恐龙的年龄，就像是通过树木的年轮来判定树龄一样。但这种技术对许多恐龙来说都不起作用，因为恐龙的骨骼会不断增长，没有整齐的生长环。

有的古生物学家推测，植食恐龙的寿命在百岁以上，甚至超过200岁。但是，植食恐龙恐怕很少能活到自然死亡，疾病、天敌、自然灾害都有可能夺取它们的生命。

当然，我们现在看到的只是化石上显示出来的疾病，恐龙还有一些肌肉等软组织疾病无法被检查。古生物学家也在推测恐龙为什么会生病，受伤、环境、基因等都可能是恐龙生病的诱因。

恐龙的寿命

在现生动物中，爬行动物的寿命较长，有些龟类可达200岁以上，鳄鱼也可以达到100多岁，那么同为爬行动物的恐龙，寿命会有多长呢？

独居和群居

在现生动物当中，有的喜欢群居，有的喜欢独行。其中，群居的好处多多，比如说更好地保护群体，更容易寻找到食物。其实，中生代的恐龙也是如此，有的是群体生活，有的是独行侠。

古生物学家们在世界上很多地方都发现了恐龙骨骼群和足迹群。例如在加拿大的一个地方埋藏了上百具甲龙化石，在中国的内蒙古也发现过大量聚集在一起的原角龙和甲龙化石。除此之外，古生物学家也曾在美国发现了23只雷龙留下的脚印化石。

　　根据这些化石，我们可以确定许多植食性恐龙，如蜥脚类、鸟脚类、甲龙类、角龙类和肿头龙类，都习惯于过群居生活，因为它们需要靠群体的力量来抵御肉食性恐龙的袭击，就像今天的许多食草动物一样。

　　当然，有些肉食恐龙也过着群居生活，比如恐爪龙、伶盗龙等，它们的个头不大，所以喜欢几十只生活在一起，依靠群体的力量围猎比自己大的动物，就像现代的狼群一样。

　　像暴龙、异特龙、棘龙之类的大型食肉恐龙，它们基本不会过群居生活。这是因为它们的体形很大，压根不需要同伴配合，就可以独自捕杀猎物。

多种多样的交流方式

　　自然界存在着千奇百怪的沟通方式,人类通过语言交流,蚂蚁和蝴蝶通过触角传递信息,蜜蜂通过舞蹈沟通交流,那么,恐龙会通过什么方式进行交流呢? 经过古生物学家研究,恐龙可以借助声音、肢体语言、身体颜色,甚至气味等向同伴传达自己的意愿,进行沟通交流。

蚂蚁和蝴蝶通过触角传递信息

　　根据古生物学家研究,恐龙可能发出咯咯、咕噜等声音来召唤同伴,提示危险或者吸引异性。鸭嘴龙家族的埃德蒙顿龙可以通过鼻子的气囊发出很大的声音;副栉龙也可以通过头冠发出急促的声音。

肢体接触也是一种重要的交流方式。古生物学家研究后发现，一些现生爬行动物的鼻子和脖子上都长有感觉外界信息的细胞，可以通过摩擦感知对方。尤其是在求偶季节，双方有可能会通过身体相互摩擦传递信息，以便表明自己的态度和心思。有些恐龙可能也是如此，会相互摩擦身体与同伴沟通。

通过恐龙头骨看出它们的鼻孔很发达

视觉交流也是一个非常重要的沟通方式。雄性恐龙会用鲜艳的颜色吸引异性，比如似鹈鹕龙有一个类似鹈鹕的囊袋。交配季节来临时，雄性的囊袋会变得异常鲜艳，从而来吸引异性。此外，角龙巨大的颈盾也是一个视觉刺激物，雌性角龙往往会选择那些颈盾更大更华丽的雄性角龙成为伴侣。

除了声音、视觉和肢体接触，恐龙有可能还可以通过气味进行沟通和交流。在恐龙化石中，古生物学家发现恐龙鼻孔已经演化得很成功，说明它们有很好的嗅觉系统，借助气味，它们可以寻找到同伴或子女。

恐龙化石探秘

恐龙化石的形成

　　如今提起恐龙，几乎是无人不知无人不晓。但是，你知道吗？在 19 世纪之前，人们压根儿没听说过恐龙这种生物。现在，人们对恐龙的认知都来源于化石。当然，这其中少不了围着化石埋头研究的古生物学家。

恐龙化石

恐龙化石的形成

马门溪龙化石骨架

　　任何动物都逃脱不了生老病死，恐龙也是一样。有些恐龙死后会很快被河流或湖泊中的泥土等颗粒物覆盖和掩埋，泥土里含有细小的颗粒，在恐龙表面形成一层覆盖物，可以保护恐龙免遭食腐动物的侵扰，并且能隔绝空气，这就为化石的形成创造了绝佳条件。

　　随着时间的推移，恐龙的皮肤和肌肉开始腐烂，层层的沉积物包围着恐龙的骨骼和牙齿。骨骼和牙齿在沉积物的包围中重新分解、结晶，慢慢石化。千万年以后，历经沧海桑田，恐龙身体坚硬的部分如骨骼和牙齿就会形成化石。

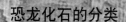

恐龙化石的分类

恐龙化石根据保存特点可大致分为四类：实体化石、模铸化石、遗迹化石和化学化石，这也是化石常见的四种类型。

模铸化石是生物遗体在地层中或四周围岩中留下的印模。

遗迹化石是保留在岩层中的古生物痕迹和遗物，例如恐龙的足迹、抓痕、蛋化石等。

实体化石指古生物遗体本身全部或部分保存下来的化石，比如古生物的骨骼、牙齿、甲壳等。

还有一种特殊的化石叫琥珀。松柏类植物会分泌出大量树脂，这类树脂黏性强、浓度大，在白垩纪时期，恐龙出现了羽毛，有些恐龙的羽毛在掉落时会被树脂粘上，树脂继续包围羽毛，羽毛就可能被树脂完全包裹起来。在这种情况下，外界空气无法进入，里面的物质就被很好地保存了下来。这些树脂再经过几千万年甚至上亿年的地质作用，就形成了琥珀。当然了，这个过程非常难得，所以这类琥珀十分罕见，我们最常见的是含有昆虫的虫珀。

化学化石是指古代生物的遗体有的被破坏，未保存下来，但组成生物的有机成分经分解后形成的各种有机物，如氨基酸、脂肪酸等仍可保留在岩层中，具有一定的化学分子结构，可以为古生物学家提供一些信息。中华龙鸟的化石中保存了羽毛的"黑素体"成分，能反映羽毛的颜色，正是通过研究它的结构，古生物学家们发现了中华龙鸟是长着不同颜色羽毛的带羽恐龙。

化石保留了一些羽毛特征

琥珀

恐龙化石猎人

发现恐龙化石的人被我们称为"化石猎人"。19世纪，英国的曼特尔夫妇发现了恐龙化石，并在之后一直不断搜寻恐龙化石，他们是最早期的"化石猎人"。

我国也有很厉害的"化石猎人"，如杨钟健院士就先后在四川、云南、新疆、甘肃、山东等地采集过恐龙化石，发现了举世闻名的禄丰龙、马门溪龙、青岛龙等，并开创了中国古脊椎动物学的研究领域。

恐龙化石"藏宝地"

　　一些化石埋藏点是古生物学家的科研"乐园"，因为在这些地方往往保存有大量普通化石埋藏点所不能保存下来的生物细节、软体结构等，被古生物学家认为是"藏宝地"。下面一起看看世界上那些著名的恐龙化石"藏宝地"吧。

　　德国巴伐利亚的索伦霍芬灰岩中埋藏了大量侏罗纪晚期的脊椎动物（如鱼龙、翼龙）、无脊椎动物（如鲎、环状蠕虫）、陆生植物（如鳞皮木）和原生生物的精细结构，但这里最出名的化石无疑还是始祖鸟和美颌龙化石。

　　火焰崖，位于蒙古国的戈壁沙漠。20世纪20年代，在火焰崖发现的包含了完整无损恐龙胚胎的恐龙蛋化石震惊了世界。火焰崖还保存了白垩纪晚期的脊椎动物化石，包括原角龙、窃蛋龙等。

塔兰穆帕亚自然公园位于阿根廷中部，这里有已知年代最早的恐龙遗骸，拥有完整的陆地化石记录，著名成员有始盗龙和埃雷拉龙。

热河生物群是距今1.3亿年的白垩纪早期，生活在现今亚洲东北地区的一个古老生物群，以中国辽西义县、北票、凌源等地区为主要产地。近30年来，发现了近千种化石，成为国际古生物学界关注的热点。热河生物群中带羽毛的小型兽脚类恐龙，为鸟类起源和羽毛早期演化提供了化石证据。

云南禄丰是拥有世界上最丰富的侏罗纪早期恐龙动物群的地区之一，发掘出各类恐龙骨骼化石、恐龙胚胎化石、恐龙遗迹化石以及众多鳄类、似哺乳爬行动物和早期哺乳动物等的化石。对于研究恐龙、鳄类、早期哺乳动物的演化具有非常重要的价值。

恐龙"木乃伊"

恐龙"木乃伊"指的是保存有恐龙皮肤、肌肉等软组织的恐龙化石。这些恐龙尸体被埋藏在极低温、极干旱、盐度极高或酸性环境中，奇迹般地保存了恐龙部分器官、肝脏或肌肉的痕迹。

1908，化石收集者查尔斯·斯腾伯格和他的儿子们发现了第一具埃德蒙顿龙木乃伊，当时埃德蒙顿龙还没有被发现命名，这具木乃伊就被命名为"糙齿龙木乃伊"，上面保留了恐龙的皮肤和肌肉。1999年，古生物学家又在美国北达科他州发掘出一个非常完整的埃德蒙顿龙木乃伊。

2000年，古生物学家在美国蒙大拿州北部的一处砂岩地层中发现了一具短冠龙化石。它浑身布满了子弹头大小的五角形的鳞片，背部有一道褶边，胃里还留有一些植物残渣。

2008 年，在我国辽宁发现了
一具鹦鹉嘴龙木乃伊。木乃伊约
半米长，在胸部和尾部已经石化
的皮肤印痕清晰可见

113

挖掘恐龙化石

如果在一个地方发现了恐龙化石，那应该怎样把它们挖掘出来呢？是简单地拿一把锄头挖出来就可以吗？显然不是这样的。

恐龙化石是一种很珍贵的自然遗产，因此我们要好好保护它。

埋藏恐龙化石的地层

并不是所有人都能识别出恐龙化石，只有拥有丰富的地质学知识、古生物学知识，并进行了充分的准备工作，才能避免陷入"入宝山却空手而归"的窘境。找到化石点后，真正的野外挖掘工作才算开始。

首先要进行小规模的试挖掘，为大规模挖掘做准备。如果确定这里有恐龙化石，那就要进行大规模挖掘了，在挖掘的同时还要做好视频和文字记录工作。

挖掘化石时要非常小心，首先准备好各种各样的挖掘工具。接着对恐龙化石旁的风化层进行清理。如果周围泥土比较松软，可以用刷子一点一点把化石上的泥土去掉。

体积较大的骨骼化石，采用国际通用的"皮克劳"打包法，把化石打包取出。在野外浇注石膏包，把化石包在已经定型的石膏壳里，就可以随时搬运甚至异地运输。这样的石膏包就是"皮劳克"，这词来源于苏联，是俄语的音译。如果是梁龙、腕龙等更大型恐龙的骨骼化石，还需要借助木板套箱来加固，保证运输途中不会被损坏。

有时候也可以使用一些化学药剂除去化石周围的岩石。清理的时候要注意有没有零星的骨骼碎片，若有应做好记录。对于小的恐龙骨骼化石，直接用纸和纱布包好。

化石被发掘前埋藏在岩石中

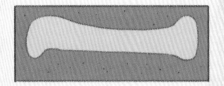

揭开岩层暴露化石后，进行打胶、敷纸

蘸水敷上的麻纸片

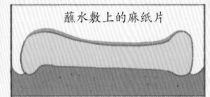

待纸干燥后在其上覆盖麻袋片和石膏糊

麻袋片　石膏糊

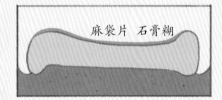

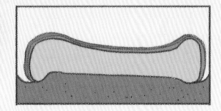

翻转的石膏托

木板　麻袋片

铁丝

石膏托

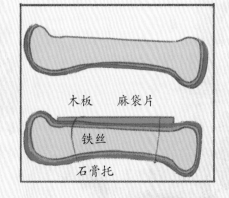

重现和修复恐龙化石

我们在博物馆中常会看到很多活灵活现的、完整的恐龙骨架化石。其实，这是经过专业的工作人员修复后才呈现出来的样子。

如果想要重现某只恐龙，首先要弄清楚这些化石属于哪种恐龙、是恐龙身体的什么部位、名称是什么以及这些化石该怎么关联到一起去。这期间，工作人员会详细记录研究得到的数据。另外，出土的骨骼化石或多或少都会缺少些"零件"，工作人员会根据数据记录和已有化石，用一些材料补完缺失的部位。

这还不算完，工作人员还需要让恐龙站起来，也就是"装架"。装架可不是单纯的组装，这里涉及的知识可多了。

记录已有的化石

修复骨骼

116

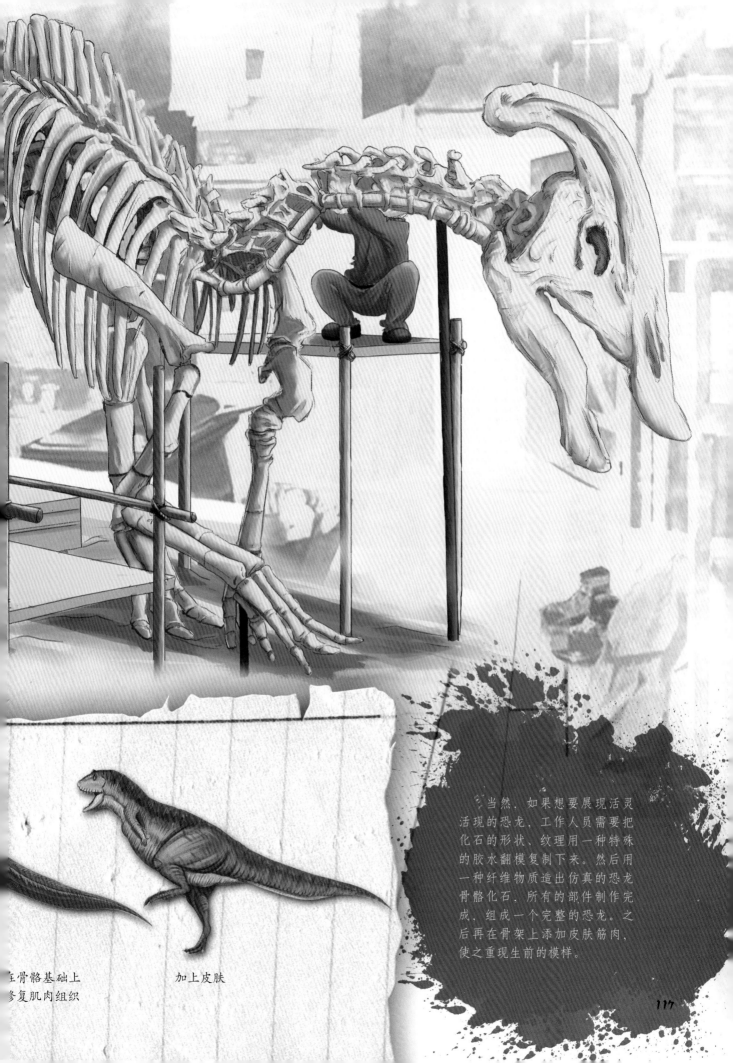

当然，如果想要展现活灵活现的恐龙，工作人员需要把化石的形状、纹理用一种特殊的胶水翻模复制下来。然后用一种纤维物质造出仿真的恐龙骨骼化石。所有的部件制作完成，组成一个完整的恐龙。之后再在骨架上添加皮肤筋肉，使之重现生前的模样。

主骨骼基础上
多复肌肉组织

加上皮肤

给恐龙起名

每个人都有属于自己的姓名，每一种恐龙也有专属于自己的名字。现在我们能够叫得上名的恐龙已经有很多种，如寐龙、窃蛋龙、雷龙等。我们不免会想，它们这些千奇百怪的名字从何而来呢？

恐龙的名字当然不是它们自己起的，而是由现代的古生物学家或研究恐龙的学者起的，不过起名也不能随随便便，古生物学家发现新恐龙的骨骼化石、蛋化石或足迹化石时，经过实际对比，查阅文献，认为是以前没有发现过的，可以在命名时订立新科、新属、新种，甚至更高级的分类阶元。所有首次命名的恐龙，都必须经过详细描述写成论文，并公开发表。

恐龙的名字常常跟它们的外形特征有关。鹦鹉嘴龙的嘴巴像现在鹦鹉的喙，甲龙像是浑身穿着铠甲一样，这种命名是最常见的一种命名方式。

鹦鹉嘴龙

寐龙

有的则是根据恐龙的习性来命名的，如窃蛋龙最初是因为命名者认为它们有偷取其他恐龙蛋的习惯。虽然后来冤屈得以洗刷，但这一名字还是保留了下来。

窃蛋龙

禄丰龙

有的恐龙是用它们的化石发现地来命名的，比如里奥哈龙，它的化石是在阿根廷拉里奥哈省发现的，禄丰龙的化石首次发现是在云南禄丰，北票龙的化石则是在辽宁的北票被发现的。

蛇发女怪龙

瓜巴龙

理理恩龙

还有些恐龙的名字是用它们的发现者或者是对恐龙研究做出卓越贡献的专家的名字命名的。比如，埃雷拉龙的第一块骨骼化石是被阿根廷一位叫埃雷拉的农民无意中发现的。再比如顾氏小盗龙，是为纪念为热河生物群做出重大贡献的中国著名古生物学家顾知微院士，而订立顾氏种。

埃雷拉龙

恐龙公墓

　　恐龙公墓是指地层中发现了大量恐龙遗骸集中埋藏在一起。人们把这些集中埋藏恐龙的地方称为"恐龙公墓"。恐龙公墓的出现往往是因为恐龙生前突然遭遇某些自然灾难而被迅速埋藏形成的。因为尸体埋藏迅速，大量不同种类的恐龙会保持死亡瞬间的状态，所以"墓中"常保存有完整的化石骨骼，这是恐龙时代留给今天最有价值的"自然遗产"之一。

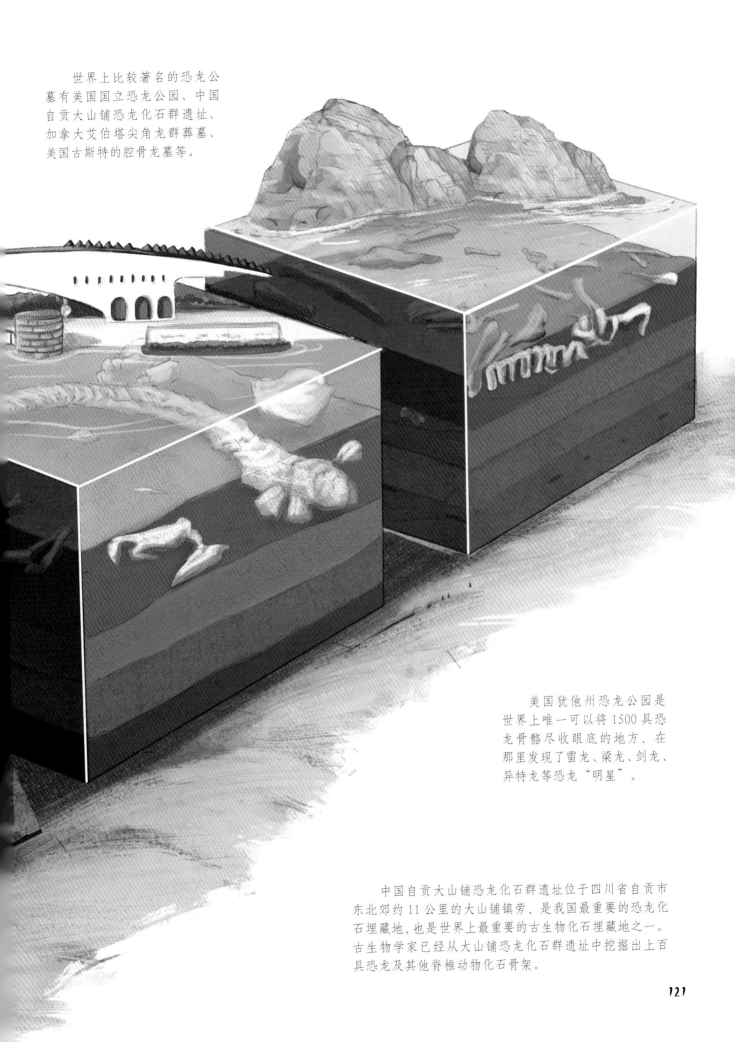

世界上比较著名的恐龙公墓有美国国立恐龙公园、中国自贡大山铺恐龙化石群遗址、加拿大艾伯塔尖角龙群葬墓、美国古斯特的腔骨龙墓等。

美国犹他州恐龙公园是世界上唯一可以将1500具恐龙骨骼尽收眼底的地方，在那里发现了雷龙、梁龙、剑龙、异特龙等恐龙"明星"。

中国自贡大山铺恐龙化石群遗址位于四川省自贡市东北郊约11公里的大山铺镇旁，是我国最重要的恐龙化石埋藏地，也是世界上最重要的古生物化石埋藏地之一。古生物学家已经从大山铺恐龙化石群遗址中挖掘出上百具恐龙及其他脊椎动物化石骨架。

恐龙之最探秘

　　想要给出"恐龙之最"的排行是非常不容易的，因为恐龙距离我们的时代太过久远，只留下埋藏在地下的化石。随着化石不断被发现，恐龙的信息也不断被更新着。所以，与其说是列举"恐龙之最"，不如说是"恐龙之最候选者"。

最大的恐龙

　　很多蜥脚类恐龙都是大个子，体形比其他恐龙大很多。那么，在这些大个子中，谁才是最大的恐龙呢？

　　腕龙和梁龙一样，曾经被认为是最大的恐龙。虽然经过后期发现和研究，腕龙并不是最大的，但是它的体形在蜥脚类恐龙中也算是名列前茅了。

梁龙全长约 27 米，长着修长的脖子和像鞭子一样的尾巴，曾经一度被认为是世界上最长的恐龙，当然现在这个名号已经被取代了。

阿根廷龙生活在白垩纪时期，身长 30～45 米，体重 80～100 吨。它的一根脊椎骨就有 1.5 米高，是最大恐龙的有力竞争者。

爪子最长的恐龙

镰刀龙生活在白
垩纪晚期，是一种外
形奇特的恐龙。镰刀
龙的前肢很长，长着
镰刀般的巨爪，是目
前爪子最长的恐龙。

根据古生物学家推测，镰刀龙的巨大爪子就是它们有力的武器。一旦遇到敌人，它们就会站起来伸出双臂，向敌人展示它们巨大而恐怖的爪子，用来威胁和恐吓敌人。也有人认为，镰刀龙会用它们上肢和锐利指爪抓取树上的食物。现代动物中，大犰狳、树懒也长着尖锐强硬的大爪子，但它们的爪子要比镰刀龙逊色很多。

镰刀龙骨骼示意图

镰刀龙指爪

125

最聪明的恐龙

伤齿龙生活在白垩纪晚期，最初是因为它尖锐的牙齿而得名。开始人们认为它是一种蜥蜴，然后又把它当作一种长相呆笨的恐龙，后来才发现这些认识和理解几乎全是错误的。

就身体和大脑的比例来看，伤齿龙大脑所占的比例是恐龙中最大的，所以被认为是最聪明的恐龙。有些古生物学家预测，如果恐龙还没有灭绝，伤齿龙很可能会沿着灵长类或人类的发展方向进化，最后进化成智慧的"恐龙人"。

伤齿龙不仅脑子好使，眼神也很好。黄昏时，伤齿龙凭借大大的眼睛，可以在昏暗的光线中看清猎物。在猎物还没发现它们时，便会突然蹿上去攻击并捕获猎物。

伤齿龙最终可能会进化成"恐龙人"吗？

跑得最快的恐龙

　　如果中生代的恐龙世界举行一次运动会，似鸵龙和食肉牛龙应该是赛跑项目夺冠的大热门。

　　似鸵龙拥有健壮的体魄和强壮的双腿，可以以每小时50～80千米的速度奔跑，速度几乎可以和公路上的汽车相比。如果侵犯它们的是小型恐龙，似鸵龙会用后肢去踢敌人。如果侵犯它们的是大型肉食恐龙，似鸵龙会立刻逃之夭夭，把敌人远远甩在身后。

食肉牛龙粗壮的后腿能让它们快速奔跑。有专家推测，食肉牛龙的奔跑速度为每小时60千米左右，有人称它们为"白垩纪的猎豹"。

脖子最长的恐龙

　　马门溪龙生活在侏罗纪晚期，主要分布在中国的四川盆地。它的名字来源其实很富戏剧性。古生物学家在马鸣溪渡口发现了化石，本想以地名命名，结果因为口音的问题，导致他人将马鸣溪误写成了"马门溪"。

　　合川马门溪龙属于马门溪龙家族，它全长约22米，体重约20吨。合川马门溪龙拥有目前世界上最长的脖子，可达12.1米，比它身体的一半还长！

马门溪龙的脖子是由长长的、相互挤压在一起的19块颈椎骨支撑，脖子上的肌肉相当强壮，支撑着它的小脑袋。以前，人们认为马门溪龙的长脖子可以灵活地扬起，并伸向高处。不过，这个观点受到了越来越多古生物学家的质疑。一些古生物学家认为，马门溪龙的脖子十分僵硬，不能抬得太高，转动起来非常缓慢。

身材巨大的马门溪龙每天都要补充大量的食物。在取食树木顶端的树叶时，长长的脖子正好能派上用场。

最擅长挖洞的恐龙

　　一般的恐龙都是露天筑巢,最多找棵大树躲避风雨。而有一种恐龙特别聪明,居然挖出洞穴供自己休息和看护宝宝,它们就是大名鼎鼎的掘奔龙。

　　掘奔龙名字的意思是"挖掘的奔跑者"。生活在白垩纪晚期,是一种行动敏捷的小型恐龙,也是第一个发现有穴居生活证据的恐龙。

一般的恐龙尾巴非常坚硬，而掘奔龙的尾巴柔软，适合穴居。它们的前肢简直就是小型挖掘机，能挖掘出2米多长、70多厘米宽、洞道倾斜蜿蜒的地洞。根据古生物学家最新的发现，掘奔龙的前肢不但善于挖掘，吃东西的时候还可以当"手"用。

最善于捉鱼的恐龙

有一种恐龙，和其他的食肉恐龙不同。它们可能生活在河岸边，是出色的捕猎手。它们的猎物相比其他恐龙也比较特别，这种恐龙喜欢吃鱼，它们就是生活在白垩纪早期的重爪龙。

重爪龙是古生物学家发现的第一种确定吃鱼的恐龙，在它的化石的胃部曾经找到了大型鳞齿鱼的鳞片化石。重爪龙身长7~9米，体重2~4吨，前肢强壮，它们的头特别像鳄鱼，嘴巴突出，里面布满尖锐细密的牙齿。

　　重爪龙既喜欢吃鱼，又很会抓鱼。它们捕鱼的方式很特别，并不像鳄鱼一样一头扎进水里捕猎，而是在浅水里来回行走，边走边寻找鱼类。它的爪子尖锐弯曲，有点类似现在捕鱼用的大鱼钩。看到鱼后，重爪龙不会轻举妄动，而是等着鱼靠近之后，再迅速地用大爪子一把将鱼捉出水面，用长嘴叼住，然后慢慢享用。

最漂亮的恐龙

关于漂亮的定义，每个人都有自己的审美观。对于"漂亮恐龙"的评选，结果更是千差万别。更何况，我们对恐龙外表的概念是来源于古生物学家们在化石基础上的"再创造"，有一定的不确定因素存在，毕竟没有人亲眼见过亿万年前的恐龙长得什么样。这里，我们只能罗列部分"漂亮恐龙"的候选名单了，这个名单并不权威，读者朋友们可以按照自己的想法来进行评判。

生活在白垩纪早期的小盗龙，它们的四肢都长着和鸟类一样的羽毛，人们称它为"四翼恐龙"。

冠龙的皮肤上有艳丽的斑块，头顶还有一个金色的骨冠，看起来漂亮又气派。

耀龙的尾部长着4根
向上竖立的修长羽毛，呈
扇形分布，十分漂亮。

扇冠大天鹅
龙头上长着一个
漂亮的头冠，就
像一把折扇，这
是扇冠大天鹅龙
的标志性特点。

牙齿最多的恐龙

　　说起牙齿，大家一定会想起凶悍威猛的肉食性恐龙那尖锐的牙齿，其实肉食性恐龙的牙齿只是锋利，数量并不一定是最多。

　　牙齿最多的恐龙是鸭嘴龙，它们的头骨前部和下颚都很宽，形状像扁阔的"鸭嘴"，它们属于鸟脚类，是植食恐龙的一种。

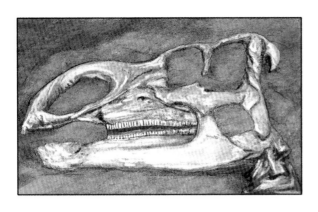

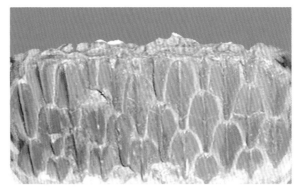

鸭嘴龙牙齿有成百上千颗，结构也很特殊，在它那扁阔的大嘴里，这些牙齿密密麻麻地排列成一个大磨场，能把植物的树叶、果实磨得粉碎。

鸭嘴龙正在使用的牙齿一旦磨损脱落，新的牙齿很快就会从旁边长出来。

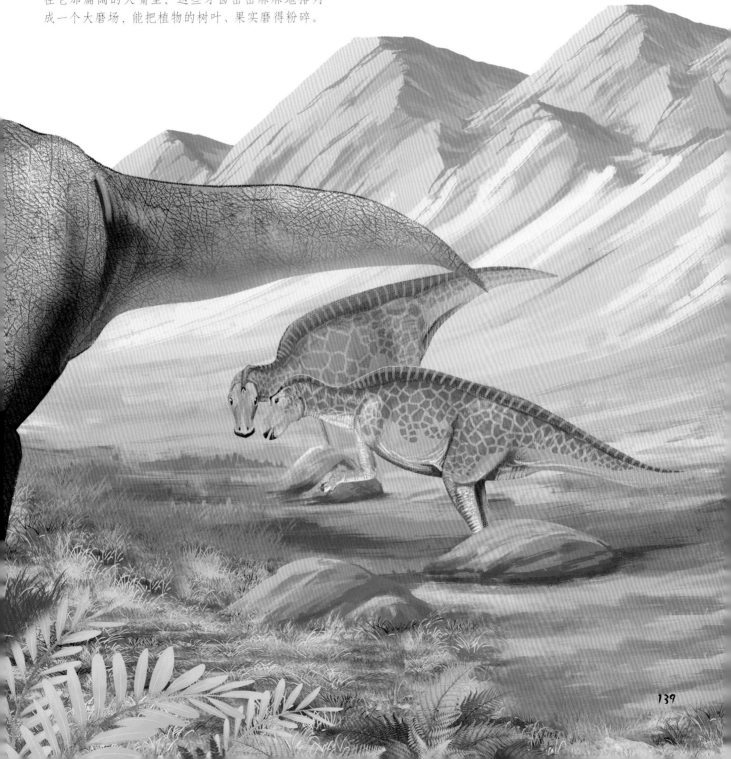

身怀秘籍的恐龙

吃腐肉的霸王龙

如果有人提问，什么恐龙最凶狠残暴？很多人的答案会是霸王龙，且不说这个说法是否确切，霸王龙的确拥有问鼎"恐龙王"的实力。霸王龙嘴里 60 多颗参差不齐的牙齿像弯曲的匕首，既粗壮又锋利，能将猎物的骨头咬碎。可是，你相信吗？就是这样一位王者，竟然会吃一些腐肉，这个形象和它的身份有些不符合，这究竟是怎么回事呢？

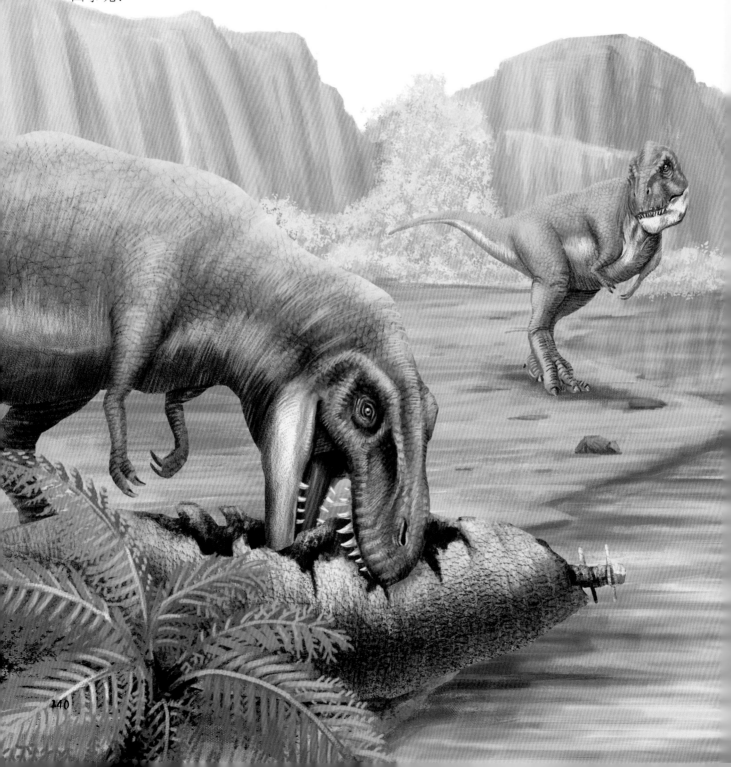

霸王龙块头很大，食量惊人。有人估计它每天需要进食超过 90 千克的肉才能维持生存。如此看来，如果顿顿吃鲜肉，恐怕供给就难以保证。它需要花费很多力气去追捕猎物，而且还不能保证一定成功。所以，为了生存，霸王龙应该也不会拒绝吃腐肉，这样不仅可以充饥，还可以大大地节省能量。特别是当霸王龙年老体衰或病痛缠身的时候，腐肉更成了它的救命饭食。

吃腐肉并不是人们凭空猜测。在加拿大，古生物学家发现了埃德蒙顿龙的"公墓"。墓中的埃德蒙顿龙骨架重叠，数以百计。但在这些埃德蒙顿龙的遗骨上发现有许多艾伯塔龙的齿印，而且还有不少镶嵌在骨骼中的断齿。这表明，在埃德蒙顿龙死亡后，它们的腐尸曾被艾伯塔龙光顾过。艾伯塔龙作为暴龙的一种，是霸王龙的亲戚。因此，人们推测，同族的霸王龙也有这个习惯。

暴龙科有可能长着羽毛

在人们的认知里，长着羽毛的恐龙都是一些小恐龙，而像暴龙科的恐龙都是长着坚韧的皮肤，像蜥蜴和鳄鱼那样。不过，古生物学家在中国辽宁省西部发现的一种暴龙科恐龙的化石，经过研究发现它居然浑身长着华丽的羽毛，这可让人们大吃一惊。

这种浑身长着羽毛的恐龙叫华丽羽王龙，名字的意思是"美丽的羽毛暴君"，体长约8米，体形比霸王龙小很多，但是仍然有和霸王龙一样沉重的头部、短短的前肢和强壮的后肢，是如假包换的暴龙家族的一员。

华丽羽王龙

华丽羽王龙身体上覆盖着漂亮的羽毛。不过这些羽毛只是简单的丝状物，结构类似于小鸡身上的绒毛，并不是鸟类的羽毛。这种羽毛并不具备飞行能力，古生物学家推测，华丽羽王龙的羽毛可能是用来保温或者吸引异性的。

有趣的是，根据华丽羽王龙的羽毛化石，古生物学家推断，所有暴龙科恐龙，包括霸王龙，身上可能都长有羽毛，只是羽毛的多少和分布不尽相同。大家可以想象一下，以往认知里凶残可怕的霸王龙，可能会长着漂亮的羽毛，是不是很拉风，很有趣呢！

霸王龙身上可能长有羽毛

阿马加龙的棘刺

阿马加龙是一种蜥脚类恐龙，生活在白垩纪早期，分布在现代的南美洲。阿马加龙的模样很奇怪，它从颈部到尾部长着神经棘。其中，颈部到背部的神经棘很高，棘刺之间有皮膜连接，如同风帆一般。

阿马加龙身上的帆状物很脆弱，根本不能作为武器。有人认为，背帆可以用来调节阿马加龙的体温；还有人认为长棘是雌雄差异的标志；也有人推测这些长棘的用途是为了迷惑肉食恐龙，让它们认为阿马加龙很威猛，不适合捕杀。

肿头龙的"铁头功"

肿头龙生活在白垩纪晚期，是一类不挑食什么都能吃的恐龙。它们的绝技是"铁头功"，武器就是那厚厚的头骨。

肿头龙厚实的头骨

肿头龙长着一颗奇特的脑袋，脑袋上的肿包让它看上去滑稽又古怪。其实那并不是什么肿包，而是头部骨骼。肿头龙的头骨厚度达 25 厘米，看上去如同戴了一顶高高的帽子一样。

肿头龙可能喜欢过群体生活。它们通过撞头游戏来玩闹或确定领袖。如果遇到危险，肿头龙会和对手平行站在一起或者面对面，用"铁头"吓唬对手。如果威吓没有成功，肿头龙就用头的侧面去撞击对方。

耀龙的羽毛

随着越来越多带羽恐龙化石被挖掘发现，其中羽毛比较漂亮的应该属耀龙了。

耀龙的身长约40厘米，大小就像鸽子一样。它们有一双很大的眼睛，能迅速发现猎物。四肢修长，还长着长长的爪子，不仅可以抓捕昆虫等猎物，还能紧紧抓住树干，防止掉落。

耀龙全身布满羽毛，再配合它们娇小的体形，很容易让人误认为是原始的鸟类。但实际上，耀龙是不能飞行的。

禽龙的大拇指

我们人类的拇指非常重要，它灵活有力，能帮助其他手指准确抓握，最终发展出制造和使用工具的能力。而在恐龙家族中，有一种恐龙也拥有神奇的大拇指，能够在和其他恐龙近身搏斗时当作武器来使用，它们就是拥有神奇大拇指的禽龙。

禽龙科是一类非常繁盛的、大型鸟脚类恐龙，生活在侏罗纪晚期到白垩纪早期，个别种类延续到白垩纪晚期。

腱龙

亚冠龙

禽龙具有很特别的五指型的手，其大拇指非常尖锐，是禽龙的主要武器。中间的三指并拢在一起，有点像蹄状爪子，最后的第五指比较小，但是能够像我们人类小指一样弯曲。这样的手相当适用于抓握物体。

赖氏龙

弯龙

橡树龙

棘龙的风帆

人们常常用"一帆风顺"作为祝福语，而有一种恐龙天生背上就背着巨大的帆，它们就是棘龙。棘龙生活在白垩纪早期，主要分布在现在的非洲，是当时的顶级掠食恐龙。

棘龙的背部长着长长的"神经棘"，从脖子后面一直延展到尾部，如同一张长条状的风帆。"棘龙"这个名称，也是由此而来。不过这个大风帆到底是做什么用的，至今没有确切答案。

有人认为棘龙身上的风帆可以调节体温，当它觉得寒冷时，就把风帆对着太阳，获得热量。当它们感觉热的时候，风帆可以散热。还有人认为，棘龙的风帆是用来向异性展示的，谁的风帆颜色更鲜艳，谁就更有可能得到异性的青睐。

棘龙的前肢长有利爪，后肢十分修长强壮，牙齿尖锐而弯曲，和鳄鱼的牙齿很相似。它们可以涉水，然后用尖爪抓鱼。同时，尖利的牙齿可以牢牢咬住滑溜溜的鱼，不让它们逃脱。

棘龙背帆骨骼

蜀龙的尾锤

蜀龙生活在侏罗纪时期，主要分布在中国四川，四川的古名为"蜀"，它的名字就由此而来。在诸多的蜥脚类恐龙中，蜀龙不是个头最大的，也不是最有名的，但是它仍然给人留下了深刻的印象，因为在它的尾巴后面长着一个大大的尾锤。

蜀龙尾巴上最后几个尾椎逐渐膨大形成骨质尾锤，有橄榄球大小，就像武侠片里的流星锤一样。当肉食恐龙侵犯蜀龙的时候，蜀龙就会挥舞尾锤将它们砸得头昏眼花，落荒而逃。

尾巴上携带"武器"的恐龙还有剑龙类恐龙和甲龙类恐龙，一些剑龙尾巴上长着两对锋利的长刺，能够刺穿肉食恐龙的皮肉。有些甲龙的尾巴非常坚硬，末端还有一个尾锤，一旦受到威胁，就会甩着尾巴，加速砸向捕猎者。

迷你版的蜥脚类恐龙

提起蜥脚类恐龙，很多人一下子就会想到一个个庞然大物，比如梁龙、雷龙等，其实蜥脚类恐龙里也有"小个子"，那就是恐龙家族的新星——欧罗巴龙。

欧罗巴龙身长为 1.5～6.2 米，相比动不动就 20 多米长的巨大蜥脚类恐龙，它们可以被称为"迷你恐龙"。

有人会问，为什么欧罗巴龙会长得如此迷你？根据古生物学家分析，欧罗巴龙的祖先原本是体形较大的恐龙，后来它们迁徙到海岛上，从此与世隔绝。海岛上的食物不足以支持巨型生物，为了适应环境，欧罗巴龙只能越进化越小。

梁龙的天敌

梁龙的身体庞大，一般没有恐龙敢去招惹它们。有一种恐龙个头没有梁龙大，但却十分喜欢攻击梁龙，这种恐龙就是异特龙。

158

异特龙生活在侏罗纪晚期，体长8～12米，后肢粗壮，指爪锋利，非常凶狠残暴。不过，异特龙的捕食方式会随着年龄的改变而发生变化。年轻的时候，它们身强体壮，行动迅速，可以尽全力去追捕逃跑的猎物。上了年纪以后，它们的身体会变得越来越沉重，行动也迟钝起来。到了这个阶段，异特龙便会改变捕食策略，不再一味地追捕猎物，而是隐藏起来等待时机伏击目标。

异特龙的食物就是其他恐龙。面对梁龙这种巨无霸恐龙，它们也毫无忌惮。当梁龙群走过，异特龙突然跳出来恐吓梁龙，梁龙受惊后四散逃跑，如果能有一只体弱的梁龙被远远扔下，异特龙便会将这只梁龙作为自己的捕食目标。

副栉龙的头冠

副栉龙生活在白垩纪晚期，属于鸭嘴龙科的一种。化石发现于美国、加拿大等地。最初，古生物学家发现副栉龙化石的时候，认为它们的外形特征和栉龙很相似，于是将它们命名为"副栉龙"。

副栉龙身躯庞大，肩部宽阔，肌肉发达，能轻松推开阻挡自己前进的障碍物，是名副其实的大力士。

副栉龙头顶长着大大的管状头冠，向头部后方延伸开去，看上去像把号角。成年雄性的头冠要大于成年雌性或者幼龙。头冠是空心的，里面充满了通道，可以发出低沉的声音，当遇到危险时，副栉龙会吹响"号角"，提醒同伴迅速逃离。

同样戴着"王冠"的还有棘鼻青岛龙，它的化石被发现于中国山东省。棘鼻青岛龙的头冠从两眼之间直直向前方伸出，很像独角兽的角。

戟龙的颈盾

　　戟龙是一种植食性恐龙，生活在白垩纪晚期。戟龙性格比较温顺，但是却没有多少肉食性恐龙敢招惹它们。因为戟龙既有"矛"，又有"盾"。

戟龙头骨

　　戟龙鼻子上方长着一只巨大直立的尖角，看起来有些像犀牛，这只尖角能刺穿肉食性恐龙的皮肉，是戟龙重要的攻击和防御武器。

在戟龙的颈部周围挂着一个厚实的"颈盾"，颈盾上长着尖刺，这面带刺的颈盾可不一般，可以将头部保护起来。虽然有保护自己的武器，但是戟龙不会轻易参加战斗，更多时候会虚张声势地展示武器，吓唬敌人。当然，也有科学家认为，戟龙的颈盾也可能是用来吸引异性的。

双嵴龙的头饰

双嵴龙生活在侏罗纪早期，主要分布在美国，在我国云南也有发现，是一种凶恶的食肉恐龙，也是早期的大型肉食性恐龙。

双嵴龙最引人注目的地方是其头顶上长着两片大大的骨质头冠，所以也被称为双冠龙。

双峄龙的骨质冠的形状
呈半月形，但结构非常脆弱，
不太适合作为武器，因此古
生物学家推测这对头冠只是
一种吸引异性注意的饰品。

恐爪龙的利爪

恐爪龙虽然体形不大，但性情凶悍，攻击力很强，足上的利爪十分具有杀伤力，是许多植食恐龙不想遇到的凶猛掠食者。

恐爪龙后肢的第二趾上长有一只巨大的尖爪，长度超过了10厘米，看上去就像一把镰刀，十分吓人，这是恐爪龙攻击时用的主要武器。

恐爪龙在捕猎的时候，会用这根镰刀爪狠狠地踹向敌人，力量非常大。不过，虽然有武器傍身，但相对瘦小的恐爪龙并不占优势。为了保证狩猎的成功率，聪明的恐爪龙会选择像现代的野狼一样集体行动。一旦发现目标，恐爪龙集团里的成员就会一拥而上，倚仗灵巧的动作、迅捷的速度相互配合，捕杀猎物。

除了恐爪龙，很多驰龙科恐龙的后肢第二趾上都长着锋利的镰刀爪，比如伶盗龙、犹他盗龙、驰龙等。

包头龙的铠甲

  包头龙是植食性恐龙，生活在白垩纪晚期。和一般植食恐龙不同，成年的包头龙一般是单独行动，不会群居，是森林孤独的行动者。

  包头龙身长6米，和一只小象一般大。它们很像穿着厚厚铠甲的"将军"，从头到尾都覆盖着相互交错的防护骨板。除了身体，头部也被厚厚的甲片包裹，甚至眼睑上都有甲片。铠甲上还有尖利的骨刺，像一把把小匕首，全方位地保护着包头龙的身体。

包头龙的尾巴像一根坚实的棍子，尾端还有沉重的尾锤。遇到食肉恐龙的袭击时，它们会奋力挥动尾巴，用力抽打袭击者。

幼年时期，包头龙会和自己的父母以及兄弟姐妹待在一起，过着群居的生活。可一旦成年以后，它们就会自力更生，不再仰仗父母亲人。

冰脊龙的头冠很时髦

冰脊龙生活在侏罗纪早期，是唯一在南极洲发现的兽脚类恐龙。虽然当时的南极洲比现在暖和多了，但是冬天还是十分寒冷。冰脊龙是一直都生活在南极洲，或只有夏天才迁徙到那里，至今还是一个谜。

冰脊龙的头冠特别奇特，它长在脑袋上方，表面布满褶皱，有点像是梳子，也像带有波浪纹的薯片。它们的冠饰非常薄，不适于捕猎或者打斗。古生物学家推测，冰脊龙的头冠可能是为了吸引异性或者是表明年龄的标志。冠饰越大代表了恐龙的年龄也越大。

有人推测，冰脊龙的头冠也许像变色龙一样会变色。如果周围环境颜色丰富，头冠色彩也会变得鲜艳；如果周围环境颜色单调，头冠的色彩也会变得相应单调起来。

"会飞"的小盗龙

　　我们都知道鸟类会飞翔，其实恐龙家族也有会飞的成员。它们就是白垩纪早期的"四翼精灵"——小盗龙。

　　小盗龙是在中国辽宁省发现的小型驰龙科恐龙。小盗龙身长不足1米，外形非常奇特，看上去像一只长着四只翅膀的鸟。其实，因为小盗龙的前肢和后肢都长有羽毛，所以看起来才像长着两对翅膀。小盗龙飞行可能不会像真正的鸟类一样振动翅膀，而是依靠着长着羽毛的四肢，在空中滑翔。长长的尾巴有助于滑翔时控制方向和掌握平衡。

小盗龙是一种食肉恐龙，嘴里长满弯曲的牙齿，它们有可能像鸟儿一样在树上栖息。当小盗龙需要寻找食物时，它们会从树上滑翔到地面，攻击地面上的猎物。当然，它们偶尔也会吃腐肉。

能分泌毒液的恐龙

现生很多动物的攻击手段是使用毒素。但是，你知道吗？生活在中生代的一种恐龙居然也能分泌毒液。这种恐龙的名字叫"中国鸟龙"。

中国鸟龙的皮肤上长满羽毛，与鸟类的关系密切。人们认为它是恐龙进化到鸟类的中间类型。中国鸟龙体长约1米，是很轻巧的食肉恐龙。

古生物学家发现，中国鸟龙的化石有一道和牙齿相连的沟槽。他们猜测，中国鸟龙很可能像毒蛇一样长有毒牙。它们一旦发现猎物，立刻咬住，毒腺内的毒液会顺着毒牙流入被咬伤的部位，让猎物进入一种最严重的休克状态。如果与现代的动物相比，中国鸟龙的毒牙与非洲树蛇的毒牙应该很接近。

恐龙灭绝探秘

最后消逝的恐龙

在三叠纪晚期，恐龙登上地球舞台，6600万年前的白垩纪末期，由于一次意外事件，恐龙在地球上消失了，它们统治了世界长达1.6亿年之久。那么，都有哪些恐龙见证了这次灭绝呢？

应该说，那些一直顽强地生活到了6600万年前的恐龙都是最后灭绝的恐龙。植食性恐龙有三角龙、肿头龙等，肉食性恐龙有暴龙、伤齿龙和胜王龙等，很多杂食性恐龙也在其中。这些恐龙或牙尖爪利，或重盔铁甲，进化得越来越完善，只可惜遭遇了大灭绝的劫难，无可奈何地成了地球的过客。

小行星撞击说

在中生代，恐龙主宰着整个世界。无论是荒野、森林，还是沼泽，到处都有恐龙的踪影。可是不知为什么，在6600万年前的白垩纪末期，恐龙竟然全部消失了。这是生物进化史上最离奇的案件之一，为此科学家们提出了很多假说，其中最让人信服的就是小行星撞击说。

10千米

在白垩纪末期，有一颗直径大约10千米的小行星，突然猛烈地撞向现在的墨西哥尤卡坦半岛。在此之前，恐龙们并没有意识到这颗流星会给它们带来厄运。

在撞击发生后，撞击点附近不断出现地震和森林大火，很多恐龙惊慌失措，却无处可逃，死于高温炙烤。很快，大灾难降临，火山频频爆发，到处都弥漫着铺天盖地的灰尘，太阳光线无法达到地球，整个地球陷入漫长的黑暗之中。紧随其后，植物因光合作用停止而枯萎，植食恐龙的食物变得短缺，因此纷纷死去。肉食恐龙却很高兴，到处都是美味的"腐肉大餐"。可是好景不长，肉食恐龙的免费大餐吃完了，它们不得不自相残杀，很快也灭绝了。

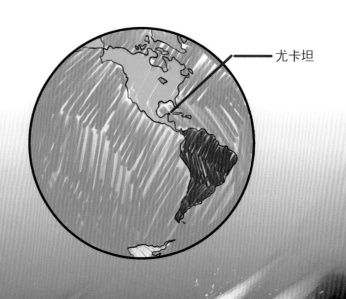

尤卡坦

但也有许多人对这种小行星撞击的说法持怀疑态度。如果真的有小行星撞击地球，为什么鲨鱼、鳄鱼以及其他许多动物都生存下来呢？因此，这个假说也是疑点重重。

火山喷发说

　　说到恐龙灭绝的原因，有人认为大规模的火山喷发才是导致恐龙灭绝的主要元凶。

在白垩纪末期，地壳运动非常剧烈，后果就是火山出现了大规模、持续性喷发。火山喷发产生大量的有毒气体、炽热的熔岩流、火山碎屑和火山灰等有害物质。不仅如此，火山喷发还会引发地震、海啸等次生灾害。恐龙面对火山喷发，毫无抵抗能力，最后只能变成了"恐龙烧烤套餐"。

如果只是火山喷发，还不足以让恐龙遭遇灭绝，最可怕的是持续火山喷发产生了大量的二氧化碳，让地球变得和蒸笼一样。气候变化严重影响了动植物的生存，在这种环境下，恐龙的身体机能发生紊乱，最终走向灭绝。

不过这个理论同样不能解释其他动物生存下来的原因。此外，火山喷发最多只能破坏局部的环境，不可能波及到地球的每个角落，所以也不可能导致恐龙的大规模灭绝。

被植物毒死说

还有人认为，火山喷发和小行星撞击地球都不是恐龙灭绝的原因，恐龙最有可能是死于"中毒"。

在恐龙生活的白垩纪末期，地球上的裸子植物逐渐消亡，出现了大量的被子植物，也就是开花植物。这些植物吃起来又美味又可口，还很好消化，立刻吸引了大量的植食恐龙。但是，被子植物为了保护自身的生存和繁衍，在自己体内产生了一些有毒的生物碱，如尼古丁、吗啡、番木碱等，植食恐龙吞入这些植物，也就相当于吞下了"毒药"，在食物链的作用下，肉食恐龙也间接中毒。如此恶性循环，毒素在恐龙体内越积越多，直到最后整个种群都消失。

对于这个假说，依然有很多科学家持反对意见。有科学家反驳说，即使是存在含有毒性的植物，也不可能一下子毒死散布在各地的所有恐龙。

大气变冷说

有人又提出了另外一种说法：是气候变冷导致恐龙灭绝。

恐龙生活的中生代，大气中二氧化碳的含量较高，气候温暖湿润，地球上到处都是郁郁葱葱的植物，足以让恐龙家族异常壮大。可是到了白垩纪末期，大气环境突然发生了巨变，此时云层增厚，降雨频繁，气温急剧下降。

天气忽冷忽热，恐龙可受不了，它们习惯生活在温暖的环境里。天气变冷，恐龙无法躲进山洞，更不能像蛇或者蜥蜴一样进行冬眠。在这种情况下，恐龙的身体很容易得病。那个时候可没有医生，疾病很快蔓延，恐龙之间相互传染，最后种群灭绝了。

还有一种可能，恐龙是爬行动物，温度可以影响恐龙宝宝的性别。由于天气寒冷，恐龙妈妈孵出的大多是雄性小恐龙，这使恐龙世界雌雄比例严重失调，随着雌性恐龙的逐渐减少，恐龙家族无可奈何走向了灭亡。

海啸加速灭亡说

海啸一般是由海底地震、火山爆发或海底滑坡引起的具有破坏性的海浪。时速可达 700～800 千米，比高铁速度还要快。

有科学家认为，在 6600 万年前，发生过一场巨大的海啸。这场海啸形成了几百米高的巨浪，致使堤岸摧毁、陆地淹没，把恐龙这种庞然大物消灭殆尽。

不过这种假说没有确凿的证据，还需要进一步商榷。

超新星爆发说

　　一些科学家认为，太阳系附近的一颗超新星爆发导致了恐龙的灭绝。据科学家们推算，在白垩纪末期，一颗非常罕见的超新星在距太阳系仅 32 光年的地方爆发。爆发释放出的巨大能量和宇宙射线向外发散，包括地球在内的整个太阳系都未能幸免于难。强烈的辐射把地球的臭氧层和电磁层完全摧毁了，地球上大多数生物都没能躲过这祸事。在宇宙射线的侵蚀下，庞大的恐龙几乎完全丧失了自我防御能力，而那些躲在洞穴或地下的小型爬行动物和哺乳动物，作为幸存者存活了下来。

188 超新星爆发说

胎死蛋中说

　　有关恐龙灭绝，还流行着恐龙是死于窝内的假说。这种理论认为，恐龙灭绝是由于大量的恐龙蛋未能正常孵化所致。

　　有些科学家认为，白垩纪末期，地球进入了冰河时期，天气异常寒冷。很多恐龙蛋都无法孵化，最终导致了恐龙灭绝。

有些科学家认为火山活动把深藏于地心的硒元素释放出来，过量的硒元素影响恐龙后代繁殖，让它们无法孵化出来。

白垩纪末期，恐龙势力逐渐衰落，和恐龙生活在同一时代的哺乳动物和其他爬行动物崛起，恐龙蛋也成为了其他动物的食物。因此，恐龙走向了灭绝。当然，这也是一个假说，争议很大。

191

放屁灭绝说

在所有恐龙灭绝假说里，最有趣的莫过于放屁假说。

一些古生物学家认为，恐龙是被自己的屁害死的，不是它们的屁太臭了，也不是太响了，而是里面含有大量的甲烷等温室气体。

大型植食性恐龙吞食了大量的植物，活跃在恐龙内脏中的微生物造成恐龙的胃内生成甲烷、二氧化碳，这些温室气体被释放到空气中，很可能导致当时气候变暖。气候变化酿成巨大的自然灾难，导致恐龙最终走向灭绝。

克隆恐龙

现代科学技术高度发达，已经克隆出绵羊、老鼠、猪和兔子等动物。那么，在生命科学技术发达的今天，我们能克隆恐龙吗？

要想克隆恐龙，我们先要了解什么是克隆。克隆技术是从动物细胞中提取含有完整基因的细胞，移植进卵细胞当中，待卵细胞开始发育后再放入母体中进行培育。

也就是说，如果想克隆恐龙就需要恐龙的基因组织，也就是DNA。现生动物的DNA可以从血液或者毛发中提取，但是恐龙留下的只有骨骼化石，经过上亿年的石化作用，这些骨骼的成分早已发生了质的变化，不要说完整的DNA信息，就连DNA片段都很难保存下来，所以要想用这个方法去克隆恐龙几乎不可能。

194

于是又有科学家想到，中生代的琥珀可能会保存有恐龙的DNA。因为琥珀由树脂凝固而成，常常含有被困的昆虫。如果能找到喜欢吸血的昆虫，这只昆虫恰巧喝了一点恐龙血。就可以将恐龙血细胞里的DNA提取出来，有希望克隆出恐龙。

有科学家反驳，DNA会有一个衰变期，过了这个时间，其DNA就不再能保留生物的遗传信息了，DNA的保质期也只有一千年左右。而距离恐龙灭绝的时间已经过了6600万年，DNA早已经被分解，所以这个方法也是不可行的。此外，即使最后所有的难题都解决了，恐龙能顺利出生，现在的自然环境和它们当时的相差巨大，也会让它们患病概率增加。另外，恐龙的生活地点也是很大的问题。

195

如果恐龙并未灭绝

　　在中生代，恐龙以绝对的优势碾压了同一时代的其他动物，不过这一切都在6600万年前戛然而止，之后地球开始朝另一个方向发展。有的人脑洞大开，假如没有发生那次意外，恐龙会不会灭绝呢，它们会出现新的类型吗？恐龙会进化出像人类一样的智慧吗？

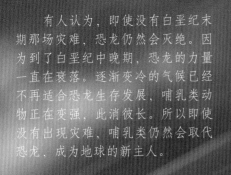

有人认为，即使没有白垩纪末期那场灾难，恐龙仍然会灭绝。因为到了白垩纪中晚期，恐龙的力量一直在衰落。逐渐变冷的气候已经不再适合恐龙生存发展，哺乳类动物正在变强，此消彼长。所以即使没有出现灾难，哺乳类仍然会取代恐龙，成为地球的新主人。

也有人认为，恐龙的适应力非常强，如果没有那场灾难，恐龙会继续称霸地球。由于开花植物较容易消化，蜥脚类恐龙可能提早生育，体形可能会普遍缩小。一些小型的、身披羽毛的恐龙有可能朝着与灵长类相同的方向演化。三角龙可能演化成行动快速的植食性恐龙，鸭嘴龙的脖子可能会变短。棘龙或甲龙可能沿着哺乳类鲸鱼的路线，进化出在海洋中生存的能力，它们还是会回到陆地产卵，也可能像鱼龙和蛇颈龙一样在海洋里产下幼崽。

当然了，有些人认为恐龙能够进化出高度发达的大脑，会制作和使用工具，学会造房子，成为地球上的高等智慧生物，并提前创造地球文明。设想一下，如果地球到处都是长着尾巴的恐龙人，它们穿着衣服上班、上学、看电影……这场景是不是有些不可思议呢？

恐龙的远亲近邻

与龙同行

恐龙阴影之下的兽族

在中生代恐龙称霸的地球上，绝大多数哺乳动物体形都很小，有些就和现在老鼠差不多大小，出于对恐龙这个"庞然大物"的恐惧，哺乳动物昼伏夜出，在恐龙的阴影下苦苦求生。

巨颅兽是非常古老的哺乳动物，生活在侏罗纪早期。个头非常非常小。它们全身长着短毛，食物是小昆虫。为了躲避恐龙的袭击，巨颅兽白天休息，晚上觅食，练就出极好的视力。

中华侏罗兽生活在侏罗纪中期，以昆虫为食。具有很强的攀爬能力，如果遇到天敌，能够迅速爬到树上避难。

金氏热河兽体长15厘米左右，有很进步的肩胛骨和锁骨，可以像现在的哺乳动物那样行走。它看起来像老鼠，会吃些昆虫填饱肚子。

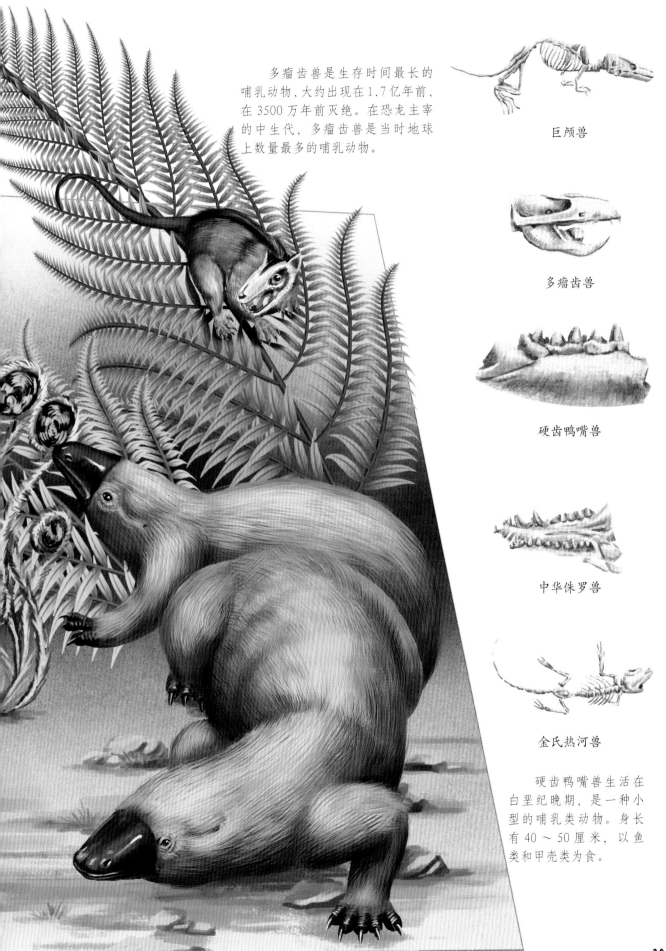

多瘤齿兽是生存时间最长的哺乳动物,大约出现在 1.7 亿年前,在 3500 万年前灭绝。在恐龙主宰的中生代,多瘤齿兽是当时地球上数量最多的哺乳动物。

巨颅兽

多瘤齿兽

硬齿鸭嘴兽

中华侏罗兽

金氏热河兽

硬齿鸭嘴兽生活在白垩纪晚期,是一种小型的哺乳类动物。身长有 40～50 厘米,以鱼类和甲壳类为食。

始祖鸟是龙还是鸟？

　　1861年，古生物学家在德国索伦霍芬发现了一块奇特的化石，它既有恐龙的众多特征，又有鸟类的特征，浑身长满漂亮的羽毛，看上去也的确像一只鸟。因此，这种生物被认为是"最原始的古鸟类"，最后，古生物学家把它命名为始祖鸟。

后来，古生物学家们经过研究，认为始祖鸟并不是真正的鸟，而是爬行动物到鸟类的中间过渡类型。

始祖鸟头骨

始祖鸟翅膀

始祖鸟全身骨骼

始祖鸟的长相和现代鸟类很像，它们的大小和现在的乌鸦一样，嘴里长满了细小的牙齿。始祖鸟有尾椎骨，尾椎骨上长着漂亮的羽毛，这一点和现代鸟类不同。现代鸟类的尾巴是羽毛组成的，没有骨头。始祖鸟还有一个特点：前肢的3块掌骨没有完全愈合成腕掌骨，指尖是爪。这些特征表明它们仍然保留着爬行动物的某些特征。

始祖鸟最引人注目的就是拥有羽毛，它的羽毛与现今鸟类的羽毛有些相似。但是由于翅膀发育不完善，飞翔能力可能只是像现代野鸡一样，飞不高也飞不快。

翼龙不是会飞的恐龙

在电影《侏罗纪世界》里，地上到处跑着各种各样的恐龙，天上到处飞着各种翼龙。于是有人认为，翼龙是会飞的恐龙。其实这样的理解是错误的。虽然翼龙和恐龙同属爬行动物，有共同的祖先，可翼龙最多只算是恐龙"亲戚"，它并不是恐龙。

翼龙出现在三叠纪晚期，灭绝于6600万年前的白垩纪末期。它们是中生代空中的霸主，是唯一发展出有强劲飞行能力的爬行动物。

　　翼龙家族大约有100多种成员，它们的翅膀和鸟类差不多，但是没有羽毛，而是一种翼膜。这种薄薄的翼膜从翼龙胸部一直延展到第四指上。翼龙曾经出没地球上所有大陆，进化出不同的形态和大小，最大的风神翼龙翼展甚至有18米，与一架飞机差不多宽，站立时有长颈鹿那么高，是目前发现的体形最大的翼龙。最小的翼龙是树栖的隐居森林翼龙，和麻雀差不多大小。

隐居森林翼龙和麻雀对比

长颈鹿、人类和风神翼龙高度对比

　　翼龙大概可以分成两大类群，喙嘴龙类和翼手龙类。喙嘴龙类长着类似鸟喙的角质喙，上下颌一般都有牙齿，后肢的第五个脚趾很长，还长着一条长长的尾巴，尾巴末端还有一个钻石状的骨片，主要是用来平衡方向的。喙嘴龙类出现的时间是在三叠纪晚期，侏罗纪时期达到鼎盛，但在侏罗纪晚期或者白垩纪早期就彻底灭绝了。沛温翼龙、双型齿翼龙、蓓天翼龙等都是喙嘴龙类家族的成员。

蓓天翼龙

蛙嘴龙

双型齿翼龙

翼手龙类出现在侏罗纪晚期，并活跃于整个白垩纪。在白垩纪末期，它们和恐龙一起因为未知原因彻底灭绝了。

准噶尔翼龙

和喙嘴龙类不同，翼手龙类后肢的第五个脚趾退化或消失了，尾巴很短，翼掌骨明显加长，牙齿在数量上也呈现多样化的趋势，有的种类牙齿完全退化消失，有的种类牙齿却多达上千个。翼手龙类主要包括准噶尔翼龙、夜翼龙、风神翼龙、神龙翼龙等。

现生鸟

中国鸟

孔子鸟

始祖鸟

尾羽龙

原始鸟龙

中华龙鸟

翼龙同期的鸟类

鸟类和恐龙关系非常密切，很多古生物专家认为，恐龙并没有灭绝，它们中的一支演化成了鸟类，至今还生存在地球上。

现在有很多证据证明，鸟类起源于中生代，最早的鸟类出现在侏罗纪晚期或白垩纪早期。一些小型兽脚类带羽恐龙为了躲避天敌或寻找食物，它们逐渐爬到树上生活，然后用滑翔的方式从树上降落到地面。后来经过长期不断进化，恐龙的前肢骨骼逐渐翼化，变成了能飞翔的鸟类翅膀，就这样让它们有了能在空中持续飞翔的能力。

在中生代，很多鸟类口中还长着牙齿，而且非常锋利。中生代鸟类一般分为古鸟亚纲、反鸟亚纲和今鸟型亚纲。化石大多发现于中国冀北、辽西，时代为白垩纪早期。

孔子鸟化石是1996年从中国辽西北票发现的，年代为白垩纪早期。孔子鸟的体形并不大，和现在的鸡大小相近，它们的前肢没有完全进化成为翼翅，上面还保留有爪子。

与始祖鸟相比，孔子鸟多了一些现代鸟类的特征，如口中的牙齿已经退化，上下颌也变成了角质喙。胸骨出现了最初的突起，这有利于飞翔肌肉的附着。孔子鸟的尾椎骨愈合成一根短短的尾综骨，这些特征都利于飞翔，因此孔子鸟其实已经具备了一定的飞翔能力，而不是像始祖鸟那样只能滑翔。

孔子鸟化石

209

同孔子鸟一样，长城鸟也属于孔子鸟科的一员，因此它们有很多相似的地方，如尾综骨的出现，微微凸起的胸骨，很强的飞行能力。不过，长城鸟也有自己独特的地方，那就是后肢第1趾能与其他的3趾对握，这样就可以抓握树枝，更利于树栖生活。

伊比利亚鸟生活在白垩纪早期，主要分布在西班牙，大小和一只麻雀差不多，嘴里长着牙齿，但是翅膀上只有一根爪子，比始祖鸟更接近现代的鸟类。事实证明，它已具有较强的持续飞行能力。

华夏鸟的个头很小，嘴里长有牙齿，翅膀上长着3根类似始祖鸟的爪子，骨盆的构造与爬行动物非常相似。不过它的胸骨已经非常突出，这就十分有利于飞行，因此华夏鸟的飞行能力应该比较强。

　　朝阳鸟的化石是从中国辽宁省朝阳市发现的，这也是它的名字来源。和华夏鸟、长城鸟相比，朝阳鸟的身体更大，被认为是现代鸟类的直接祖先。

　　黄昏鸟生活在白垩纪晚期，化石出土于现今的美国堪萨斯州。那个时候，这里曾是一片汪洋，而黄昏鸟就是海洋里的"居民"。黄昏鸟体长超过1米，外形有些类似企鹅，翅膀几乎全部退化，在海洋中只能依靠后肢的脚蹼推动身体前进。它的喙又细又长，嘴里还有尖锐的牙齿，这就让它们成了捕鱼的能手。

与海龟无缘的楯齿龙类

　　楯齿龙类生存于约 2.4 亿年前的三叠纪中期，在三叠纪晚期彻底灭绝。其化石发现于德国、法国、波兰、中国。

　　楯齿龙类的牙齿呈扁平的椭圆状，这些牙齿就像小磨盘，在强有力的肌肉带动下可以轻而易举地压碎软体动物的外壳，主要包括楯齿龙、砾甲龟龙、豆齿龙、中国豆齿龙、无齿龙等。

　　楯齿龙并没有坚硬的外壳，这是早期的楯齿龙类的特征。它的身体两侧长着粗壮的肋骨，肋骨形成了一个筐，内脏就待在这个筐里，身体上方还长着一排骨瘤突起，这些都可以保护身体不受伤害。楯齿龙的四肢还没有长出鳍状肢，只能依靠脚蹼和尾巴摆动在水中游泳。

楯齿龙

豆齿龙生活在三叠纪中期，牙齿像一颗颗豆子，功能跟磨盘一样，可以磨碎软体动物的外壳。豆齿龙的外壳由骨板组成，十分坚硬，可以很好地保护身体。

中国豆齿龙体长只有50厘米，还不到普通豆齿龙的一半。中国豆齿龙最特别的地方就是它们的背甲是一整块，而其他的豆齿龙则是被分为一大一小两块。

无齿龙的身体又宽又平，背部和腹部覆盖着骨质甲片，类似乌龟的龟壳，背甲又宽又平，这可以保护它抵御其他食肉动物的攻击。无齿龙的牙齿没有完全退化，只在上颌的最前端保留有1对牙齿，圆圆的牙齿像豆子。

中国豆齿龙

豆齿龙

无齿龙

砾甲龟龙虽然没有腹甲，但是它们却有坚硬的背甲，整个背甲由多达数百枚的小甲片构成。这些小甲片形状比较规则，以五边形和六边形为主。

砾甲龟龙

213

提早"出局"的海龙类

在中生代，一些原本在陆地上生存的爬行动物放弃陆地的生活，重新回到海洋中。之后，它们逐渐演化成强大的海龙，并成为中生代海洋的统治者。不过，这些动物和"亲族"恐龙一样，最终纷纷消失在历史的长河中。

初期的海龙身体纤细修长，四肢粗壮，脚上还有趾爪，很可能水陆两栖生活，以捕猎鱼类和菊石等动物为生。它们大多数时间生活在海洋中，有可能会上岸产卵繁殖后代。

安顺龙生活在三叠纪晚期。安顺龙的身体修长、四肢强壮、末端呈蹼状，可以协助游泳及调节方向。

贫齿龙的身体修长，它的脑袋呈三角形，尾巴非常长，四肢为蹼状肢。这样修长的身体可以减轻水的阻力，游泳时更加省力。它游泳时会摆动身体，然后用四肢控制方向及辅助前进。

贫齿龙

新铺龙

安顺龙

新铺龙、贫齿龙及安
顺龙都是发现于中国贵州
关岭。新铺龙的脖子比安
顺龙的要短一些，脑袋呈
三角形，四肢已变成鳍状，
更加有利于在水中生活。

和鳄鱼相似的离龙类

离龙类是一种半水生双弓类爬行动物，它们的样子和现生鳄鱼有些相似。鳄龙、满洲鳄、凌源潜龙等都是离龙类的成员。

鳄龙外表类似马来长吻鳄，生活在中生代，身长9米左右。它们头部细长，嘴里长满小而尖利的牙齿，可以咬碎贝类的外壳。在水中时，鳄龙可以摆动自己的身体前进，为了减小水中的阻力，它们会把四肢收起贴近身体。

鳄龙

满洲鳄

满洲鳄的发现地位于中国东北地区，生活在白垩纪早期。满洲鳄大小不一，从30厘米到3米都有发现，它们的外形有点儿像蜥蜴，身体被瓦状的鳞片包裹着，四肢呈蹼状，末端还有趾爪。

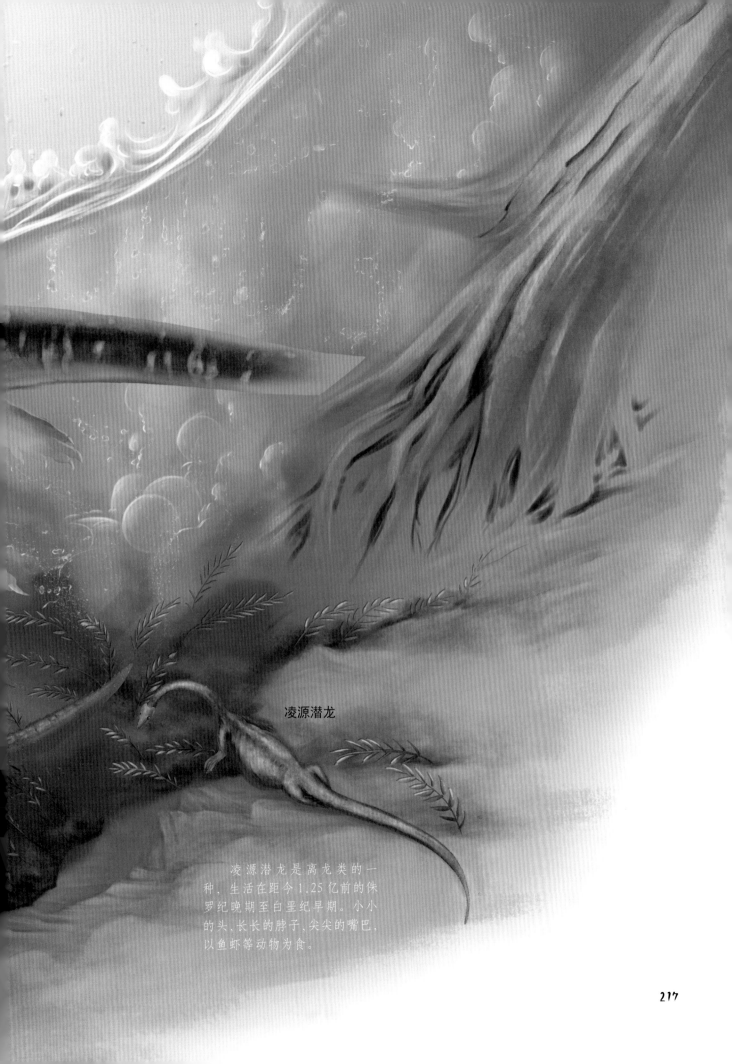

凌源潜龙

凌源潜龙是离龙类的一种、生活在距今1.25亿前的侏罗纪晚期至白垩纪早期。小小的头、长长的脖子、尖尖的嘴巴，以鱼虾等动物为食。

捕食恐龙的海鳄类

在中生代，很多海洋爬行动物都有称霸海洋的梦想，其中包括海鳄。雄心勃勃的它们到底是什么来头，它们的梦想实现了吗？

在三叠纪晚期，出现了一种叫鳄形类动物，它们可以说是今天鳄鱼的远古祖先。在侏罗纪时期，鳄形类动物向着海洋、陆地攻城略地，迅速进化。它们中的一些尝试着进入海洋，渴望成为海洋的霸主，它们的身体逐渐进化成适合海洋生活的特征，成为海鳄。除了产卵，海鳄一直生活在海洋里，以中小型鱼类、菊石、箭石、龟类、蛇颈龙幼崽，甚至海边的小恐龙为食物。不过在此时，蛇颈龙和鱼龙占据着绝对的霸主地位，所以这些海鳄并没有在海洋中翻起大风大浪。

地蜥鳄生活在侏罗纪时期，为了适应海洋环境，它们身上的鳞片已经进化成了光滑的皮肤、四肢退化为适合游泳的鳍状肢、尾巴变成和鱼儿一样的尾鳍，因此十分擅长游泳，可以快速躲避鱼龙和蛇颈龙等天敌。

真蜥鳄生活在侏罗纪早期，嘴里长满了尖牙。嘴巴一闭，就形成了一个理想的夹子，能抓光滑的猎物。真蜥鳄身披盔甲，脚上长着蹼，可能靠扭动细长的身体和尾巴来游泳。

达克龙生活在侏罗纪晚期到白垩纪早期，身体呈流线型，能够快速游动。它们长着锯齿状的牙齿，这是撕咬猎物的优良武器。

暴泳鳄生活在侏罗纪时期，身体呈流线型，十分善于游泳。口中长满锋利的牙齿，嘴巴可以张得很大，常以大型动物为食。

笑傲千万载的龟类

龟类刚开始只有腹甲没有背甲，为了抵御天敌，它们慢慢进化出背甲，在白垩纪末期，恐龙因未知原因彻底灭绝，龟类逃过一劫，一直生存到现在，并且身体结构几乎没有什么变化。中生代的龟类主要包括原颚龟、半甲齿龟、古海龟、满洲龟等。

原鳄龟已经出现了龟类的大部分特征，全长90厘米，尾巴上有刺，但是原鳄龟不能像现代龟类一样把脖子、四肢缩回龟壳里。

现在的乌龟身体被龟壳包裹，可分为腹甲和背甲，是它们的外骨骼，主要作用就是保护它们不受伤害。而生活在三叠纪晚期的半甲齿龟只有腹甲，没有背甲。古生物学家认为，乌龟的远古祖先可能完全没有龟壳。

满洲龟大约生活在1.25亿年前的白垩纪早期，体长只有30厘米左右，外形和生活习惯近似于现在的龟。

古海龟生活在白垩纪时期，身长相当于现在海龟的两倍，外形和海龟非常相似，但它们没有龟壳，背部可能是被一种皮革质地的坚硬皮肤覆盖着。

胎生的恐头龙

恐头龙，这个名字是不是特别奇怪？有人肯定会联想到恐龙。其实恐头龙比恐龙更古老，它们是地地道道的海洋爬行动物。

恐头龙生活在距今2.28亿年的三叠纪中期。在中国贵州发现的东方恐头龙身长2.7米，它的脖子就达到了1.7米，脖子比身体与尾巴相加还要长。

因为恐头龙脖子非常长，它们可能会利用自己超长的脖子来寻找猎物。东方恐头龙脑袋相对较小，嘴里长有锋利的牙齿。它们可能会用一种特别的方式捕食，长长的脖子像吸尘器的管道一样，张开嘴巴，就把猎物一股脑地吸进嘴里。

恐头龙不直接产卵，恐头龙妈妈把卵留在身体里孵化，直接在水中产崽。这样，恐头龙宝宝既可以在妈妈身体里获得足够的温暖，也可以避免天敌。这种生产方式叫卵胎生，在某些鱼类，如鲨鱼、孔雀鱼身上也会发生。

海洋霸主之有鳞目

    如果问海洋里最厉害的动物是什么？可能有人会回答是鲨鱼或者虎鲸。其实它们只是现代海洋里危险凶猛的动物，如果把它们放到白垩纪的海洋里，和当时的海洋爬行动物正面对抗，那简直无法比。在白垩纪晚期的海洋里，有鳞目是顶级掠食者。当暴龙称霸陆地的时候，有鳞目成了海洋霸主。

    有鳞目是海生爬行动物，它们的身躯细长圆滑，体表光滑，可以减少游泳的阻力。由于身体巨大，它们依靠肌肉发达的长尾巴推动身体前进。

有鳞目的外形很像具有鳍状肢的巨型鳄鱼。它们拥有巨大的头部、发达的颌骨，嘴巴能像蛇一样张得很大，牙齿呈圆锥状、弯曲着就像一根根小钩子一样，能轻而易举地将猎物拦腰咬断。由于长期在海洋里生活，有鳞目的视觉不断退化，听觉和嗅觉却异常发达。有鳞目成员主要包括沧龙、海王龙、海诺龙等。

225

"大眼睛美人"之鱼龙目

　　有人觉得海洋爬行动物长相很可怕，张牙舞爪地在海里游弋。其实海洋爬行动物中也有漂亮的种类，那就是著名的"大眼睛美人"——鱼龙目。

　　鱼龙目是一种外形类似鱼和海豚的大型海生爬行动物。鱼龙目在三叠纪早期就已经出现了，到了三叠纪晚期，它们就成了海洋中的霸主。进入侏罗纪后开始衰落，不过它们仍然和其他海生爬行动物一起统治着海洋。大约在 9000 万年前的白垩纪晚期，鱼龙目几乎完全绝迹。

　　鱼龙目在进化过程中可分为两个阶段。早期的鱼龙目身体细长，没有尾鳍，靠摆动身体前进。

之后出现的鱼龙目外形很像海豚，头部细长，没有真正的脖子，流线型身体，肚子圆鼓鼓的，鳍状肢又窄又长，尾巴也很长，但是尾鳍较小。在尾鳍的帮助下，鱼龙目的游泳速度十分惊人。最特别的是，鱼龙目的脑袋不大，却长着一双大眼睛。靠着大眼睛，鱼龙目可以在夜间或者深海捕食猎物。

虽然鱼龙目是海生爬行动物，但是却不像其他爬行动物那样产卵。鱼龙目妈妈把卵留在身体里孵化，直接在水中产崽，生殖方式是卵胎生。成年鱼龙目可能会一直照顾年幼的宝宝，直到成年。

龟背蛇头的"水中长颈鹿"

蛇颈龙目生活时期从三叠纪时期一直持续到白垩纪末期，与鱼龙一起统治着中生代的海洋。

蛇颈龙目是一个兴旺的大家族，根据脖子的长短，古生物学家将它们分为长颈蛇颈龙和短颈蛇颈龙。

长颈蛇颈龙有着小小的脑袋，脖子长度能达到全身长度的一半。比如一只长颈蛇颈龙身长 18 米，脖子就能达到 9 米长。这类蛇颈龙主要包括蛇颈龙等。

蛇颈龙长着小小的脑袋，长长的脖子，短短的尾巴，还有一个像乌龟一样的躯干。蛇颈龙虽然头很小，但嘴巴很大，嘴巴里长有很多细长的牙齿。为适应划水，它们的四肢进化成了鳍状，使蛇颈龙既能在水中往来自如，又能爬上岸来休息或繁殖后代。蛇颈龙的游泳方式很特别，前肢像企鹅一样拍打水面，后肢来调整方向和稳定身体，可能速度不会很快，但是很稳。因为它的脖子很长，所以蛇颈龙又被称为"水中长颈鹿"。不过，它们可比长颈鹿凶猛多了，鱼类、带壳的贝类，甚至是同类或者幼崽都可能是蛇颈龙的食物。

短颈蛇颈龙主要包括上龙、滑齿龙、短颈龙、克柔龙等。其中上龙威武霸气，头骨巨大，甚至是霸王龙头部的两倍，脖子短小，长有弯刀般锋利的尖齿，相当厉害。一只大型上龙，足以把汽车咔嚓咬成两半。

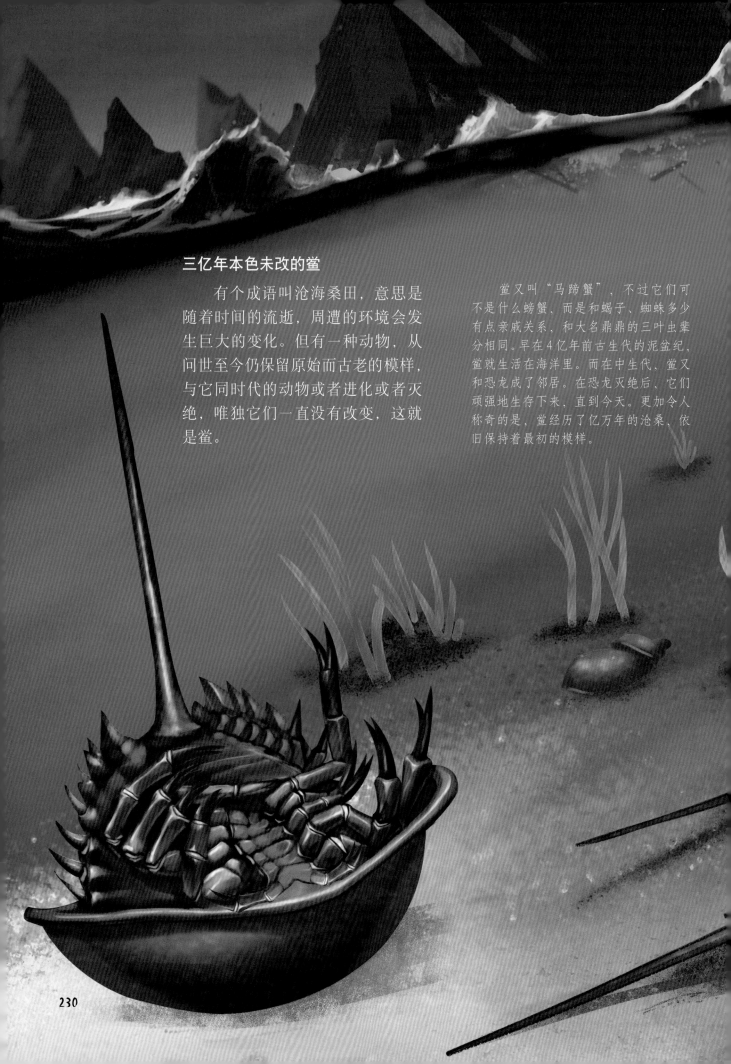

三亿年本色未改的鲎

有个成语叫沧海桑田，意思是随着时间的流逝，周遭的环境会发生巨大的变化。但有一种动物，从问世至今仍保留原始而古老的模样，与它同时代的动物或者进化或者灭绝，唯独它们一直没有改变，这就是鲎。

鲎又叫"马蹄蟹"，不过它们可不是什么螃蟹，而是和蝎子、蜘蛛多少有点亲戚关系，和大名鼎鼎的三叶虫辈分相同。早在4亿年前古生代的泥盆纪，鲎就生活在海洋里。而在中生代，鲎又和恐龙成了邻居。在恐龙灭绝后，它们顽强地生存下来，直到今天。更加令人称奇的是，鲎经历了亿万年的沧桑，依旧保持着最初的模样。

鲎外形酷似一只瓢，身体呈青褐色或暗褐色，浑身覆盖硬甲，背部圆突，腹部凹陷，尾巴是一根长长的硬刺，像一把锋利的长剑。鲎的硬甲是外骨骼，无法持续生长。鲎想要长大就必须要换壳，新壳刚长出来时还很柔软，这时的鲎很脆弱，如果遇到天敌可就麻烦了。

鲎生活在有沙的海底，靠着蠕虫和其他软体无壳动物为食。雌鲎和雄鲎形影不离，行走、吃食、休息都钩夹在一起，被称为"海底鸳鸯"。最奇特的是它们的血液是蓝色的，含有铜元素，遇到细菌就会凝固。

恐龙灭绝后的世界

新生代的地球

中生代的地球，一直被恐龙占据着。有人不禁会问，恐龙灭绝后，地球又会是什么样的呢？又是哪些动物登上了地球这个热热闹闹的大舞台呢？

恐龙灭绝后，地球迎来了崭新的时代——新生代，而且直到今天，新生代仍然还没有结束。对于地球的历史来说，新生代是一个非常重要的时代，气候变化很剧烈，天气忽冷忽热，有时候地球热得像个大蒸笼，一些不喜热的动植物只好生存在北极圈附近。有时候冰川期来临，地球又变得寒冷干燥。

虽然地球忽冷忽热，但是被子植物却蓬勃兴盛。裸子植物曾经是遍布各大陆的主要植物，但受冰川期的影响，到了新生代，裸子植物大部分都灭绝了。能够开花结果，更好地保护种子的被子植物成为地球上的主要植物。地球被被子植物装扮得五彩缤纷，生气勃勃。被子植物的增多，也为昆虫提供了新的食物和生存空间，传粉的甲虫、蜜蜂、蛾子等昆虫蓬勃发展，成为地球上食物链的重要一环。

哺乳动物在逃过白垩纪末期的灾难后，没有了最强劲的天敌，它们终于迎来了自己的发展时代。在此后的几千万年中，各种哺乳动物轮番上场，最后演变成了地球上最成功的物种之一，所以新生代又被称为"哺乳动物时代"。

蛇

蜥蜴

巨齿兽

喙头蜥

爬行动物失去了中生代的辉煌，只有少数成员，例如喙头蜥、蜥蜴、蛇、蚓蜥、鳄鱼等逃过了那场灾难，继续存活到今天。而兽脚类恐龙其中的一支有可能进化成鸟类，有幸逃过一劫。在新生代，鸟类开始制霸天空，总共有1000多种鸟类登上了历史的舞台。

珊瑚

泰坦鸟

曲带鸟

始祖象

在海洋里，除了鱼类、哺乳动物等脊椎动物外，无脊椎动物大量衍生。有孔虫、海绵动物、珊瑚、苔藓虫、甲壳类、棘皮动物等生物十分繁盛。

有孔虫

海绵动物

海胆

237

史前"怪兽冠军"之完齿兽

大多数人会认为野猪又难看又凶恶，如果了解完齿兽，就会发现现生的野猪简直太弱了。完齿兽是凶猛的掠食者，它们不挑食，从水果到腐肉样样都吃，而且生性残暴，甚至会自相残杀，所以被称为"来自地狱的猪"。

完齿兽是现生猪的表亲，大小如牛，它们的头骨强而有力，上下颌的力量强大，可以折断猎物的骨头，令人非常恐惧。

完齿兽脸部长着像疣一样的瘤状物，跟现代的疣猪一样，这些疣可以在战斗时保护它们脸部脆弱的部位。

"史前四不像"之尤因它兽

　　尤因它兽的外形第一眼看上去和现代犀牛很像，四肢又似乎显示它们与象族关系密切，脑袋上长着奇怪的角，吻部还有一对尖尖的獠牙，着实有些奇怪。尤因它兽身长约 4 米，体重可以达到 4.5 吨，是个十足的大块头。

因为体形巨大，很少有食肉动物敢威胁尤因它兽。不过尤因它兽家族并没有兴旺起来，它们的脑子很小，智商应该很低。最后可能是因为气候的变化与同其他生物竞争失败而灭绝了。

尤因它兽头上长着六根奇特的犄角，上面还包裹着一层皮肤。古生物学家猜测这些角很可能是雄性之间相互争斗的工具，也有可能是吸引异性的装饰。尤因它兽雄兽的大獠牙长达30厘米，不过，这种獠牙不是捕猎武器，很可能只用于同类间的争斗或炫耀。

似象非祖的始祖象

　　一旦出现始祖两个字，很多人会认为是某种动物的祖先，其实始祖象和现生的大象关系并不大，它只是长鼻目进化过程的一个分支。

始祖象身体大约高1米，体重大约为200千克，以植物为食。它们的生活习性更像河马，非常喜欢在河流里泡澡，或者在沼泽里打滚，经常用这种方式来打发时间。

始祖象美其名曰"象"，可它们并没有长长的象鼻子，也没有长长的象牙，上嘴唇非常宽厚粗大，适合翻动水草。

"披着狼皮的羊"之安氏中兽

安氏中兽生存于始新世时期。它们有些像现代的狼，不过它们的身体要远比狼强壮，是地球上曾出现过的较大的陆生哺乳动物之一。

安氏中兽脑袋扁平，嘴里有锋利的犬齿及扁平的颊齿，可以咬碎骨头。它们的尾巴较长，四肢较短。有趣的是，安氏中兽的脚上长着小型的蹄趾，而不是爪子。在亲戚关系上更接近偶蹄目，所以有人称安氏中兽是"披着狼皮的羊。"

安氏中兽的运气也不太好，虽然能迅速奔跑，但是却不适合扑杀猎物。和当时的肉食动物相比，它们更像是杂食动物，还没有取得霸主的地位就灭绝了。

"四条腿"的游走鲸

在我们的印象中，鲸鱼总是畅游在蔚蓝的大海里。也许很多人都想象不到，有一种鲸鱼长着四条腿，能在陆地上行走，它的名字叫游走鲸。

游走鲸生活在始新世时期。和现代完全依赖水的鲸鱼不同的是，它是一种半水生哺乳动物，也被称为"陆行鲸"。

游走鲸骨骼

游走鲸看起来有点像鳄鱼。头大、吻部长，前后肢都比较短，还长着一条尾巴。

游走鲸捕食方式也和鳄鱼差不多，主要采取伏击的方式。发现猎物后，它会安静地守在一旁，等待猎物放松警惕，然后突然张开大嘴、猛地咬住猎物，把对方拖下水溺毙，然后美美地饱餐一顿。

"苗条的"原始鲸鱼之龙王鲸

龙王鲸生活在始新世晚期，是现代鲸的近亲，古代海洋哺乳动物的一员。龙王鲸最初被发现时，被认为是巨大的海洋爬行类动物，所以它的拉丁名的意思其实是"帝王蜥蜴"。

龙王鲸骨骼

龙王鲸体形巨大，身体细长，成年后的体长可以达到18米，与其说它是鲸鱼，倒不如说更像海蛇。为了维持庞大身体的正常行动，龙王鲸需要吃大量的食物，所以它常常在浅海游来游去，用自己短而锋利的牙齿捕食猎物。

龙王鲸牙齿

别看长得苗条，龙王鲸的血盆大口可不是吃素的，它们的咬合力惊人，足以把一个超过1吨重的动物的头骨咬成碎片！在有史以来的哺乳动物中数一数二，是当时海洋中绝对的顶级掠食者，谁也不敢惹它。

龙王鲸的尾巴很可能像现代鲸类一样是分叉的，背上也有小小的背鳍，但有一个明显区别：龙王鲸的后肢还没完全退化，而是变成了一对长约半米的"小短腿"。

249

犀牛祖先之巨犀

巨犀主要生活在渐新世，是已知有史以来最大的陆生哺乳动物。巨犀是犀牛的近亲，生活在森林里。

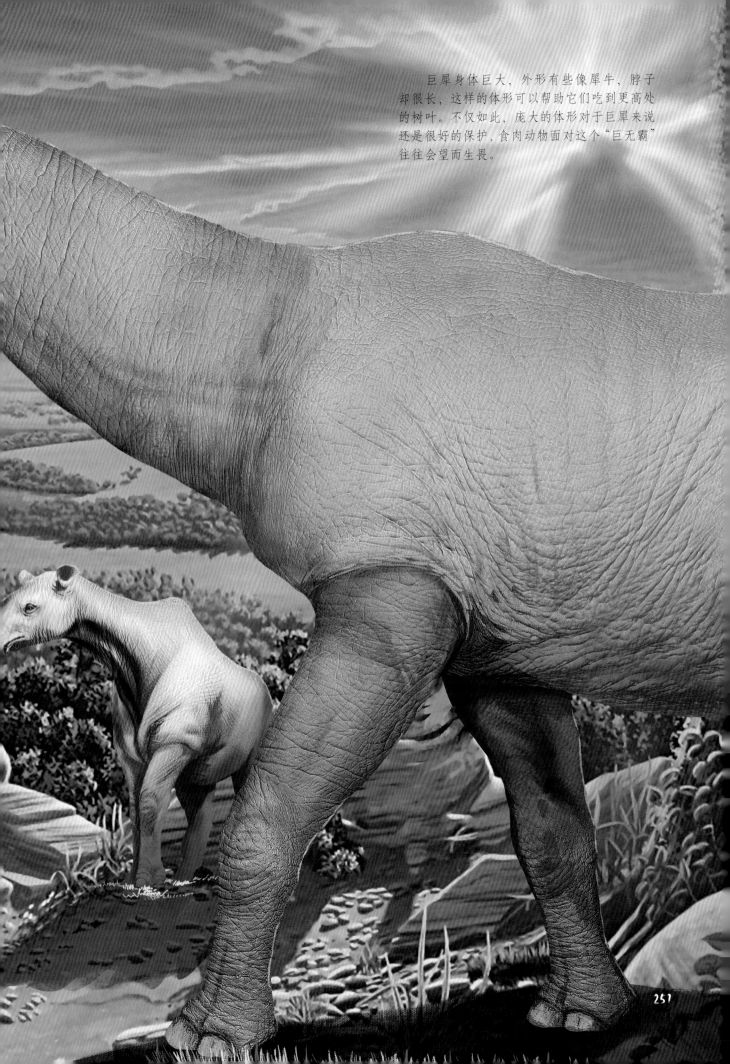

巨犀身体巨大，外形有些像犀牛，脖子却很长，这样的体形可以帮助它们吃到更高处的树叶。不仅如此，庞大的体形对于巨犀来说还是很好的保护，食肉动物面对这个"巨无霸"往往会望而生畏。

马的祖先之始祖马

我们在草原上看到奔跑的马大多俊美肥壮，可是你知道吗？它们的祖先其实非常"迷你"。

现代马蹄子骨骼　　　始祖马蹄子骨骼

马的祖先叫始祖马，生活在始新世。它们的个头非常矮小，体长60厘米左右，和现在的狗差不多大。

现代马

上新马

草原古马

渐新马

始祖马

始祖马的脚趾和现代马也不一样，始祖马前脚有四根脚趾，后脚有三根脚趾，脚掌十分柔软，并不适合奔跑。现代的马可以大口大口吃草，而始祖马的牙齿很小，只能吃鲜嫩的软草，不能咀嚼较硬的根茎。

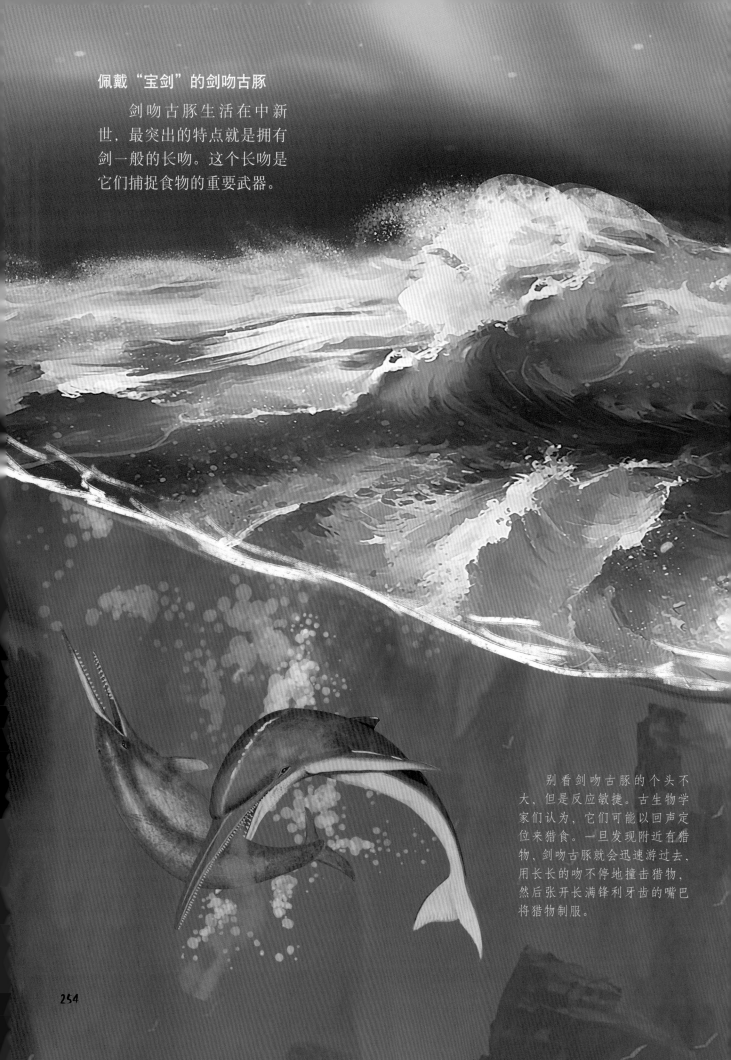

佩戴"宝剑"的剑吻古豚

剑吻古豚生活在中新世，最突出的特点就是拥有剑一般的长吻。这个长吻是它们捕捉食物的重要武器。

别看剑吻古豚的个头不大，但是反应敏捷。古生物学家们认为，它们可能以回声定位来猎食。一旦发现附近有猎物，剑吻古豚就会迅速游过去，用长长的吻不停地撞击猎物，然后张开长满锋利牙齿的嘴巴将猎物制服。

剑吻古豚长约 2
米，身形比较小，即
便在现代的鲸鱼家族
中也属于小个子。

剑吻古豚的上颌延长成
尖吻，虽然现生动物海豚也有
尖吻，但是剑吻古豚的尖吻要
比海豚长得多、尖得多，它
们的尖吻更像是剑鱼的嘴巴，
远远看上去就像一把宝剑。

阿根廷巨鹰在天空中借助气流滑行，由于体形庞大，它鲜有敌手，是令当时动物恐惧的"空中之王"。

"空中之王"——阿根廷巨鹰

阿根廷巨鹰是一种体形巨大的飞禽，它们生活在中新世晚期，因化石是在阿根廷被发现的，这也是它名字的来源。

阿根廷巨鹰被认为是兀鹫、鹳鹤等大型猛禽、水禽的祖先。它长得有点儿像现代的秃鹫，有强壮的腿部和锋利的爪子，翅膀张开后足有7米长，甚至更长。

擅长"无影脚"的骇鸟

　　骇鸟体形巨大，是一种可怕的肉食性鸟类。它们的身高有1～3米。沉重的身体以及原始的翅膀，让它们失去了飞行能力。虽然不会飞，但它们的奔跑速度很快，而且强壮的腿部和锋利的脚爪十分具有攻击性，往往可以给猎物致命一击。

关于骇鸟灭绝的原因，有一种有趣的说法，骇鸟的鸟蛋对当时的食肉动物很有诱惑力，经常被偷走吃掉。骇鸟们不断失去鸟蛋，使新生骇鸟越来越少，最终导致了骇鸟的灭绝。还有一种说法，认为骇鸟对环境的适应能力比较差，因此也许是环境的改变导致了骇鸟的灭绝。虽然骇鸟很凶猛，但它是独居型动物，敌人可以利用团体的力量制服骇鸟。

骇鸟头骨

"铁甲武士"雕齿兽

雕齿兽是食草类哺乳动物，生活在上新世到更新世。它们的身体被坚硬的甲壳覆盖，就像身披铠甲的武士。当它们在地上爬行的时候就像一辆移动的迷你装甲车。

雕齿兽骨骼

雕齿兽身上背着像龟壳一样的盔甲，那是由表皮衍生出来的鳞甲。每片鳞甲都是近似六边形的，相互交错在一起，既足够坚硬，也能随雕齿兽的行动灵活摆动。

雕齿兽有一条管状尾巴，尾巴的末端有角质化的刺，就像一根带刺的巨型棍棒，这是雕齿兽的防御利器。在坚硬的装备与有效的武器配合之下，那些凶猛的肉食动物很难对雕齿兽造成威胁。

雕齿兽带有尖刺的尾巴骨骼

史前"大猫"之剑齿虎

　　剑齿虎生活在中新世到更新世时期,是著名的史前"猎手",曾广泛分布在亚洲、欧洲、美洲大陆。剑齿虎是猫科动物中的一个古老分支,和现代的虎等动物是远房亲戚。它们拥有超强的战斗力,是新生代肉食性动物演化的巅峰。

剑齿虎

现生虎

　　剑齿虎的嘴里长着一对大犬牙,长度有一二十厘米,远远超过了现在所有的猫科动物。尽管大犬齿看起来威风凛凛,但剑齿虎仍然要小心保护,以免一不留神把它们折断。

同很多现生猫科动物一样，剑齿虎的肌肉十分发达，是出色的捕猎高手。熊、马以及猛犸象幼崽等动物都在剑齿虎的狩猎名单中。不过，剑齿虎的牙齿还不够坚硬，不足以直接咬穿猎物的脖子。所以，捕猎时它通常会采取"先扑倒猎物，再撕咬咽喉"的战术，快速制敌。

爱吃素的巨兽之大地懒

　　大地懒生活在更新世，体形巨大，直立行走时，身高是大象的两倍。大地懒的全身覆盖着一层厚厚的、浓密的毛发，看上去有点儿像熊。

　　大地懒前肢和后肢都具有尖锐的爪子。它可以只靠后肢站立，然后用前臂抓取树梢的树叶。

大地懒面貌凶恶，毛皮厚实，在皮下还有一层皮肤硬化形成的"甲胄"，可以在敌人袭击时形成防御。同时，大地懒的前臂非常强壮，再加上强壮的身体，捕食者不会轻易攻击它们。

生不逢时的袋狼

　　我们在动物园见过袋鼠，袋鼠妈妈们肚子前都有一个育幼袋，小袋鼠在出生后会爬进母亲的育幼袋中，吸取妈妈的乳汁继续成长。而在澳洲，曾经有过一种叫作袋狼的动物，它们把小狼也放在育幼袋中抚育。

袋狼的育幼袋并没有袋鼠那般明显，它们的大小和体形都很像狼，身形瘦长，上面有一道道斑纹，脸似狐狸。它们生活在森林或草原上，夜晚会外出捕猎，可能会潜伏在树上，时刻准备突袭。

袋狼头骨

"地狱之牙"——巨鬣齿兽

巨鬣齿兽是一种大型哺乳动物，它们是非常成功的掠食者，拥有敏锐的嗅觉、敏捷的身手和强悍的咬合力。

巨鬣齿兽的样子看起来像鬣狗,但它们比狮子还要强大。头大腿长,奔跑迅捷,非常具有杀伤力,适合快速突袭与伏击。很少有猎物能逃脱巨鬣齿兽的捕杀。

巨鬣齿兽宽厚的颌骨

巨鬣齿兽的骨骼

"吃肉的鸭子"——牛鸟

牛鸟是一种已灭绝的不会飞的鸟类。它们生活在中新世时期，是大洋洲特有的鸟类。

牛鸟头骨

虽然其名为鸟，但是有古生物学家认为它们可能是一种巨型鸭子，因此又叫它们"末日魔鸭"。它们站立时高达2.5米，脑袋要比一般的小马驹还要大，腿部粗壮有力，拥有尖锐的喙，能扯开动物的皮肉，所以有的古生物学家认为它们有可能吃肉。

"昙花一现"的索齿兽

索齿兽生活在中新世时期，它们的外表很像河马，但生活习性应该与海牛非常相似。

索齿兽属于半水生的哺乳动物，大部分时间是待在水中，它们的游泳和潜水能力非常不错。在岸上走起路来却十分笨拙，到了水里就灵活许多。

索齿兽骨骼

索齿兽的牙齿很奇怪，像锥子一样，古生物学家推测它们会以海草、海藻为食，也会吃些甲壳类动物。

272

有关学者研究认为，索齿兽与现代象类的关系很近，身上还保留着原始长鼻动物的特征，所以它们可能来自共同的祖先。另外，索齿兽的灭绝原因也是个未解之谜。目前，最被学者接受和认可的原因就是由海洋温度、盐度的异常变化所引起的食物短缺。

长鼻子的袋貘

除了大象以外，大家还见过哪些长鼻子的动物？其实，在中新世晚期至更新世，就生存过一种长着长鼻子的动物，它的名字叫袋貘。

袋貘是澳洲的特有动物，和现在的马大小差不多。它们的四肢强壮，脚上还长着和熊一样的长爪子，看起来十分锋利。可是，它们并不吃肉，这双爪子可能用来挖掘植物根茎，也有可能用来拖拽树枝。

有趣的是，袋獏有一
个长鼻子，这个长鼻子可以
帮袋獏卷食高处的树叶。

类人猿、人类同祖之埃及猿

埃及猿是目前已知较早的古猿，生活在渐新世时期，它们生活在树上，主要依靠吃果实和树叶填饱肚子。

埃及猿体形和现代的吼猴接近，它们的后肢比前肢长，通常采用曲肘姿势行走。埃及猿的前肢可以抓握东西，有时它们也会在树上悬挂着或荡来荡去。

埃及猿的大脑与现代猿类相比有些小，它们的眼眶朝前，视觉比较发达。它们的有些特征和猴相似，牙齿又和人类很像，有的古人类学家形象地概括埃及猿是"猴子的头骨上镶配猿类的牙齿"。另外，古人类学家根据埃及猿的化石推测，认为埃及猿有可能是类人猿和人类的共同祖先。

不长驼峰的古骆驼

我们大家都知道骆驼的标志就是
有高耸的驼峰，而有一种灭绝的骆驼
却没有驼峰，它就是古骆驼。

古骆驼生活在中新世的北美洲草原上。它们的头相对较小，脖子很长，可以像长颈鹿一样伸长脖子摘取高处的树叶。

古骆驼头骨

马的近亲之三趾马

　　三趾马和现代马的模样很相似，只不过现在的马只有一个脚趾，也就是马蹄，但三趾马却有三个脚趾。它们是马进化过程中的一类，虽然它们的个头并不如现代马高大，但分布却非常广泛。

早期的三趾马生活在森林里，为了适应草原上的生活，它的侧趾变得又细又短。虽然脚上有三趾，但长期的奔跑让它们的趾骨有了变化，身体的支撑力主要集中在了中趾上，这让它们的奔跑速度提高了不少。

三趾马腿部骨骼

在中新世，三趾马十分活跃，它们的足迹遍布欧亚大陆、北美洲以及非洲。

281

奇丑无比的短面熊

短面熊生活在距今 200 万年前的美洲大陆，可能是迄今地球上体形最大的熊，它们的猎物主要是美洲野牛和大角野牛，所以又被称为"噬牛熊"。

短面熊猎食美洲野牛

短面熊与人类对比

短面熊有一张长满利齿的大嘴，修长健壮的身体让它们具有强大的爆发力和迅捷的速度，这些可以保证短面熊战胜其他猛兽，成为顶级猎食者。

现生的所有熊类都是脚趾向内弯，所以走起路来像喝多了酒一样，摇摇晃晃。短面熊却不一样，它们可以笔直行走，因此行动起来更加迅速。

索引

儿童恐龙大百科

名词解释

基干蜥脚类：中生代早期的一种恐龙。形态、结构等都还比较原始。很多古生物学家认为，它与蜥脚类存在一定亲缘关系。

尾锤：恐龙尾巴末端生长的"独特武器"，主要是由几块椎骨渐渐膨大后愈合形成的。基本只在部分蜥脚类恐龙的身上出现，是它们的防御工具。

颈盾：位于角龙类头颈位置的巨大骨骼，是它们防御敌人攻击的坚实"盾牌"。

侏罗纪：中生代的第二个时期，是距今约2亿年到距今1.45亿年前的地质时代，恐龙在当时蓬勃发展。

白垩纪：中生代的最后一个时期，距今1.45亿年到距今6600万年前的地质时代，以一次惨烈的大灭绝事件告终，恐龙时代至此落幕。

裸子植物：高等植物的一种，种子裸露在外，没有皮包裹，中生代早、中期植食恐龙的主要食物之一。

被子植物：另一种高等植物，白垩纪时期出现，发展速度极快，到现代已经随处可见。

恐龙蛋化石：恐龙蛋经过亿万年后，在自然界作用下形成的特殊石头，是恐龙化石的一种。

胃石：植食恐龙为了促进消化，主动吞食下的石头。现代的部分鸟类也有这种习性。

股骨：靠近腰带（骨盆）的管状骨。

尾椎：脊椎动物尾巴内存在的椎骨，本书专指植食恐龙的尾椎。

大陆桥：也叫陆地桥，指的是两块大陆的连接处。

杂食动物：泛指能够进食肉类以及植物的动物。

恐龙之乡：特指一些盛产恐龙化石的省市地区。比如中国的云南、四川等。

背帆：生长在部分恐龙脊背上方的帆状结构，疑似有调节温度的作用。

柏林自然历史博物馆：位于德国首都柏林，历史悠久，收藏了许多包括长颈巨龙在内的恐龙，以及其他种类的古生物化石，是世界上著名的博物馆之一。